Copyright © 2019 Guido Pagliarino - All rights reserved
Book published by Tektime
Tektime S.r.l.s. - Via Armando Fioretti, 17 - 05030 Montefranco (TR) – Italy

Guido Pagliarino

Criação e Evolução
Um confronto entre Evolucionismo teísta, Darwinismo casualista e Criacionismo

Ensaio

Guido Pagliarino
Criação e Evolução
Um confronto entre Evolucionismo teísta, Darwinismo casualista e Criacionismo
Ensaio
Traduzido do italiano para o português do Brasil por Maria Verônica Dos Santos
Distribuição Tektime
Copyright © 2019 Guido Pagliarino

Obra original italiana: Creazione ed Evoluzione Un confronto fra evoluzionismo teista, darwinismo casualista e creazionismo, saggio - 3ª edição revista e atualizada pelo autor em 2019
Distribuição Tektime, Copyright © 2019 Guido Pagliarino

Edições italianas anteriores:
1ª edição, em papel e em diversos formatos eletrônicos, Copyright © 2011-2012 Edição GDS, (fora de catálogo desde 2013), - Desde 2013, os direitos literários, cinematográficos, televisivos, radiofônicos, internet e conexões de qualquer outro meio de difusão, sobre essa obra, em todo o mundo, pertencem ao autor.
2ª edição, livro e diversos formatos eletrônicos, organizados pelo autor, Copyright © 2016, Guido Pagliarino

A capa e a imagem foram criadas eletronicamente pelo autor

ÍNDICE

página

Criação e Evolução - Um confronto entre Evolucionismo teísta, darwinismo casualista e criacionismo – Ensaio   7

Breve introdução do autor   *9*

1 Na base de tudo existe um ato de fé   *11*

Mundo real e solipsismo   *11*

Mundo real e crenças religiosas   *11*

Ambientes cristãos-protestantes   *12*

Ambientes cristãos-católicos   *13*

Ambientes cristãos-ortodoxos   *13*

Ambientes hebraicos   *14*

Ambientes islâmicos   *14*

Discussões sobre evolução no ocidente cristão (antigamente, cristão)   *26*

2 Resumo histórico das teorias evolutivas   *27*

Charles Darwin (1809-1882)   *27*

Sobre críticas a Darwin   *31*

Neodarwinismo e as novas fronteiras   *32*

Jean-Baptiste Lamarck (1744-1829)   *38*

Alfred Russel Wallace (1823-1913)   *40*

A minha opinião   *43*

3 Resumo das acusações dos ateus a Deus   *50*

4 Filosofia, ideologia e pesquisa científica   *57*

5 Discussões às vezes inúteis — 60
Sobre o acaso como um ato de fé — 61
Sobre a hipótese metafísica e sua corroboração ou falsificação experimental — 63
Sobre debates pseudocientíficos à respeito da evolução — 64
Sobre alguns cientistas crentes e cientistas ateus: resumo — 67

6 Sobre o criacionismo-fixismo — 70

7 Sobre a conjectura da evolução por saltos ou dos equilíbrios pontuados — 74

8 Pareceres de alguns dos últimos Papas — 77
Papa Pio XII — 77
Papa Pio XII, monogenismo e poligenismo — 81
Papa João Paulo II — 82
Papa Bento XVI — 87
Papa Francisco — 90

9 Sobre dois dos mais notáveis teólogos evolucionistas cristãos do século XX, Rahner e Teilhard de Chardin — 94
Karl Rahner — 94
Pierre Teilhard de Chardin — 101
Evangelização e teilhardismo — 122
Sobre o Apocalipse e o ponto Ômega teilhardiano — 124

10 Uma perspectiva grandiosa: a divinização de cada Homo sapiens sapiens — 128
Segundo uma perspectiva terrena: uma posterior evolução da espécie? — 131
Segundo uma grandiosa perspectiva transcendente: a evolução de um único coração — 132

Guido Pagliarino

Criação e Evolução
Um confronto entre evolucionismo teísta, darwinismo casualista e criacionismo

Ensaio

Breve introdução do autor

Na minha opinião, não é possível, devido à visão ontológica do mundo, a qualquer ouvinte, leitor ou autor de discurso ou ensaios sobre argumento pessoal, seja ele religioso, agnóstico ou ateu, ser objetivo em tudo, apesar da intenção oposta. Tem quem afirme o contrário sobre si, pode acontecer, mas na fala do ser humano nunca observei objetividade plena no interlocutor e, naturalmente, nem mesmo em mim.

Uma coisa é certa, que nas áreas do criacionismo, do evolucionismo religioso – sobre o qual declaro me situar até o momento – e daquele agnóstico-ateu – darwinismo no próprio sentido – florescem preconceitos e imprecisões. Por exemplo, ouvimos a pronúncia dos termos "evolucionismo" e "darwinismo" como se fossem sinônimos, mas as teorias evolucionistas são numerosas; apresentarei no segundo capítulo um breve relato histórico. Mas antes lembrarei aquele ato de pura fé existencial que todos, incluindo ateus, têm na vida, e tratarei da posição das várias correntes religiosas sobre a teoria da evolução: me prolongarei um pouco sobre a situação no Islã, porque a considero menos comentada, mas com o convite para seguir adiante se o argumento não interessar. Tratarei em seguida do significado do termo referido e recordarei em um pequeno capítulo as desculpas mais comuns dos ateus direcionadas a Deus, tanto ontem como hoje. Recordarei no quarto capítulo que na base de uma pesquisa científica existe sempre uma posição filosófica e às vezes também teológica ou até mesmo profundamente ideológica. Irei então para o criacionismo e as suas argumentações, que para os de fora de certos círculos fundamentalistas não se baseiam em citações bíblicas, mas em considerações científicas. Retornarei ao evolucionismo e em particular à teoria dos equilíbrios pontuados, combatida ao que parece pelos criacionistas e vista, ao contrário, com simpatia pelos evolucionistas religiosos ou não. Apresentarei então a compreensão de alguns dos últimos Papas sobre a evolução até a metade do século XX, recordando sucessivamente a antropologia dos dois mais notáveis teólogos evolucionistas cristãos do século XX; e encerrarei com a entusiasmante perspectiva, segundo os crédulos na divinização do homem: não enquanto espécie *Homo sapiens sapiens*, como queria certa teologia, mas como ser humano único, graças àquela que se pode dizer, por similitude, *a evolução do coração*.

Guido Pagliarino

1
Na base de tudo existe um ato de fé

Mundo real e solipsismo

Na base de todas as opções humanas existe a escolha entre o considerar-se parte de um mundo objetivo e conhecido, graças à experiência e a razão, ou considerar-se o próprio mundo ou pelo menos um mundo separado de tudo e sem possibilidades de comunicação, segundo a filosofia solipsista, na qual existiria objetivamente só o próprio eu, a própria consciência, da qual tudo se originaria através de uma espécie de projeção, no mais absoluto isolamento, como acontece nos sonhos noturnos. A escolha para a maioria dos seres humanos e para todos os cientistas, normalmente é aquela pela existência de um mundo real em que se vive e onde se pode indagar, e essa, na maioria dos casos é instintiva. Todavia, não é possível dar demonstração da veracidade do realismo e da falsidade do solipsismo ou ao contrário, da falsidade do primeiro e da veracidade do segundo, para o qual tanto a realidade ilusória quanto os sonhos aparentes são uma mera criação do ego. Portanto, todos, mesmo aqueles que condenaram as crenças religiosas porque não são suscetíveis de experimentos, fazem uma escolha inicial por simples crença, sobre a qual se baseia todo o resto: incluindo a teoria científica evolucionista teísta ou ateia. Parece-me que isso basta para se tornar insignificante e até mesmo um pouco ridícula o afinco com que alguns zombam da fé transcendente.

Mundo real e crenças religiosas

Quem além da fé na existência de um mundo real aceita

uma crença religiosa, se acha, após o surgimento da conjectura evolucionista (veja no capítulo seguinte) no dever de escolher entre encarar o universo segundo uma ótica criacionista ou evolucionista. As posições são diferentes não só de acordo com a religião aceita, mas em cada uma das correntes em que o seguidor se coloca, como exemplo, as várias assembleias dos cristãos-protestantes e as correntes progressistas e tradicionalistas dos cristãos-católicos.

Porém, para a Igreja Católica, com bilhões de fiéis num total aproximado de 2 bilhões e 100 milhões de cristãos na Terra, a situação é característica, sendo essa organizada hierarquicamente, na qual as decisões do Magistério de Roma são direcionadas a todos os católicos.

Ambientes cristãos-protestantes

No que diz respeito aos ambientes cristãos, é antes de tudo nas assembleias protestantes que se descobre a defesa mais apaixonada do criacionismo e a negação enfática das mutações biológicas, enquanto só uma minoria de católicos é criacionista. No total, cerca de 40% da população cristã dos Estados Unidos da América lê de modo integralista o relato da gênese da criação de Adão a partir do barro argiloso. Os antievolucionistas americanos são poderosos, apoiados diretamente pelos políticos e pelo Institute for Creation Research (Instituto de Pesquisa da Criação), que tem uma grande reputação; assim, por exemplo, certas bibliotecas públicas daquele país não recebem livros sobre o evolucionismo, enquanto diversos países fundamentalistas retiram os filhos da escola em que se ensina a teoria da evolução nas aulas de biologia. Apesar de tudo, o criacionismo tem força também na Europa, por exemplo, no Reino Unido as escolas confessionais protestantes retiraram o evolucionismo dos seus programas. Isso foi considerado, pelo contrário, uma matéria digna de estudo pela maioria dos fiéis católicos europeus.

Ambientes cristãos-católicos

Desde o Ano Santo de 1950, a hipótese evolucionista, desde que não mecanicista ateia, foi considerada lícita pelo Magistério da Igreja com a Encíclica *Humani generis*, do Papa Pio XII. A conjectura evolucionista não só foi julgada compatível com a fé cristã-católica, mas também considerada com muito interesse pelo Papa João Paulo II, que a classificara não mais como uma simples hipótese ao lado da hipótese criacionista, como tinha feito o Pontífice Pio XII, mas como uma teoria bem corroborada com provas; e também o seu sucessor, Bento XVI, demonstrou positiva atenção pelo evolucionismo, como expressou em uma de suas homilias difusas internacionalmente durante uma visita à Alemanha que, aliás, já constava em um dos seus escritos sobre o teólogo evolucionista padre Pierre Teilhard de Chardin, mesmo quando o Pontífice, agora Papa emérito era então somente o professor Don Ratzinger. Examinarei tais posições mais a fundo no capítulo 8, *Pareceres de alguns dos últimos Papas*.

Ambientes cristãos-ortodoxos

Nas assembleias ortodoxas não encontramos posicionamentos oficiais sobre o evolucionismo, somente afirmações genéricas de que a ciência genuína não deve se afastar do próprio campo, entrando no campo da fé e que qualquer um que use a pesquisa para negar as verdades cristãs se coloca não somente contra a fé, mas contra toda a verdade: parece-me de fato uma crítica a certos fanáticos darwinistas anticlericais.

Ambientes hebraicos

Entre as religiões ditas "do Livro" ainda que a primeira em ordem cronológica, a hebraica, na qual não existe uma autoridade religiosa central depois da destruição do Templo no ano 70 d.C e, ao fim do chamado Judaísmo[1], não manifesta apoio às posições oficiais sobre o evolucionismo, a maioria trata de opiniões pessoais dos rabinos e em geral de estudiosos da Bíblia. Por outro lado, é indelével na população hebraica, ao se lembrar do Holocausto, o fato de que esse tinha incluso nas próprias bases não somente o sadismo psicótico e outros desequilíbrios mentais dos super-homens de Hitler e de seus facínoras, mas o chamado darwinismo social que pretendia aplicar a eugenética não somente em animais e plantas, mas também em seres humanos: o darwinismo social antes do ditador era aceito amplamente em ambientes intelectuais não somente na Alemanha, mas em todo o Ocidente, até por pessoas não suspeitas de antissemitismo, como o antropólogo italiano de origem hebraica, Cesare Lombroso; no nazismo, todavia, como é terrivelmente observado, o darwinismo social era dirigido às famigeradas iniciativas de aniquilamento da comunidade judaica e de outros povos, que o sanguinário e seus seguidores consideravam excluídos da verdadeira ciência e por meras razões ideológicas, congenitamente inferiores.

Ambientes islâmicos

Quanto à terceira religião do Livro, o Islamismo, no

---

[1] Em relação às épocas mencionadas do Judaísmo pode-se verificar em meu ensaio "Il Vento dell'Amore" - Uma abordagem histórica da progressiva Revelação de Deus-Amor no Velho Testamento, veja em: http://www.pagliarino.com/e-book_Il_Vento_dell'Amore.htm

Ocidente muitos pensam impulsivamente em um monolítico Islã criacionista, mas as posições dos muçulmanos não são completamente unívocas. A comunidade dos muçulmanos (umma), que segundo recentes estimativas já tinha reunido um bilhão e meio de fiéis, e que acredita na mensagem do Alcorão segundo o profeta Maomé, constitui um alicerce de correntes espirituais, na qual as três principais são a dos sunitas, dos xiitas e dos carijitas, e também muitas ramificações; na verdade, os islâmicos de etnias e tradições históricas diferentes estão espalhados por todo o mundo, por isso as posições sobre o evolucionismo podem ser positivas ou negativas, em certos casos indiferentes, segundo as comunidades a que pertencem e do nível cultural de cada seguidor.

Vejamos tais posições - quem não estiver suficientemente interessado pode ir para o parágrafo seguinte -.

Uma porcentagem não muito pequena de membros da umma aceita a teoria evolucionista. Não sendo uma hierarquia religiosa e faltando uma coordenação qualquer por parte de uma autoridade central[2], as posições sobre o criacionismo e evolucionismo, são somente dos fiéis, dependendo como já mencionei, da situação sociocultural de cada pessoa e do país em que se vive. Segundo um estudo realizado no ano de 1991 em 34 Estados em parte islâmicos[3], resultou que somente 8% dos egípcios, 14% dos paquistaneses e 25% dos turcos, sendo esse o Estado muçulmano mais ocidentalizado, estavam convictos de que o evolucionismo fosse uma ideia fundada no Cazaquistão, país ex-soviético, que obteve a independência da URSS somente em 25 de outubro de 1990, além de ateus por

---

[2] Veja em, "Il Corano senza Segreti", de Gabriele Mandel, Milano, 1991.
[3] Salman Hameed, artigo "Science and religion. Bracing for Islamic Creationism", no periódico americano "Science" de 12/12/2008)

imposição do Governo comunista anterior, 72% dos habitantes são evolucionistas. Isso pode sugerir que o Islã permaneça mais aberto ao criacionismo do que às conjecturas evolucionistas, apesar do fato de que o Alcorão – e também a Bíblia – não estar em contradição com o evolucionismo religioso; mas também considere o fato de que nesses países, como no Ocidente, muitos se identificam como *tout court,* confundindo o evolucionismo com o darwinismo casualista ou ateu (veja o capítulo seguinte). Os chefes religiosos islâmicos sabem que boa parte dos versículos alcorânicos são alegorias: esses foram escritos em uma linguagem fabulosa à fim de que os puros e simples entendessem a essência da mensagem, um pouco como a cultura hebraica antiga usava a estrutura dos midràsh, isto é, da narrativa simbólica, e até mesmo Jesus se expressava por parábolas. Por exemplo, os mestres religiosos maometanos não tomam ao pé da letra a narrativa da criação de Adão e Eva, "Na verdade nós os criamos do barro argiloso" (sura 37, 11), nasceu da alegoria do Paraíso, tanto do Éden terrestre quanto do Jardim perene (que na essência é o mesmo Alá) após a morte com as suas festas metafóricas, onde o fiel "teria repouso, perfume e um Jardim de Prazer" (sura 56, 89), e do mesmo modo, o inferno é compreendido pelos guias religiosos islâmicos, com seu fogo e as suas torturas figuradas em que, estando ao pé da letra, o desencaminhado "então terá hospedagem na água fervente e entrada na fogueira infernal" (sura 56, 93-94), um versículo que, talvez influenciado pela fogueira simbólica, a prova de fogo do Apocalipse cristão, assim como muitas das suras apresentam textos bíblicos ou, notavelmente apócrifo-cristãos.

> Sobre o símbolo como ligação entre Deus e o homem escrevi em outro ensaio[4]. Apresento aqui, de passagem, um

---

[4] "Il Dio col grembiule, la progressiva Rivelazione di Dio-Amore dall'Antico al

resumo porque ele pode ser útil para melhor incorporar o que eu mencionei sobre os versos alegóricos no Alcorão, e talvez, até mesmo ser útil ao confronto que farei mais adiante entre a evolução teísta e criacionismo:

Afirmo que a crença cristã na ressurreição de Jesus Cristo é para ser entendida não metaforicamente, mas literalmente, pena acontecer pouco, mesmo no cristianismo que por definição é baseado na ressurreição, enquanto todo o resto é acessório, mesmo quando é muito importante como certamente é o ensinamento moral de Jesus pela palavra e pelo exemplo e com as profecias do Antigo Testamento sobre o Messias.

Exceto que, no caso da ressurreição real e não simbólica de Jesus Cristo, muitas passagens bíblicas falam de um Deus inefável através do simbolismo, usando analogias e metáforas compreensíveis, porque paralelismo e narrativas alegóricas são de fácil assimilação para a nossa psicologia que é voltada ao simbolismo. Nota-se por outro lado, que as figuras metafóricas e analógicas bíblicas – e também as alcorânicas – devem ser entendidas levando-se em conta a etimologia da palavra e não o significado usual: como são descritas nos dicionários etimológicos, a palavra símbolo vem da palavra grega syn-bállein ou seja, colocar junto: *símbolo do latim symbolum "sinal", do grego símbolon, da família de symbállô "colocar junto" - da syn- "com" e bállô "lançar"* – cf. de Giacomo Devoto, Avviamento alla etimologia italiana – Dizionario etimologico, Firenze, 1968 –. Esse significado refere-se ao uso de na Grécia antiga se quebrar irregularmente um objeto em duas partes, de modo que o proprietário de uma das duas partes, chamada de símbolo, pudesse, então, ser reconhecido, se necessário, combinando a sua peça com a outra nas mãos de outros. Se a realidade divina não é objetivamente compreensível pela nossa mente, porque é eterna e infinita, e não sabemos abraçar toda a imensidão, apenas um pouco, com dificuldade, chegamos a compreender alguma coisa sobre a eternidade, muitas vezes confundindo o Ser imutável com um tempo que não tem fim, mas que tem um início; a

---

Nuovo Testamento", 2007, Pozzuoli (Na).

ligação todavia, como muitas vezes acontece na Bíblia, o significado simbólico e o conceito divino que tenha significado, relativo a uma verdadeira e própria realidade, embora por si só não tangível, permite pela forma como está estruturada a nossa psicologia, entender Deus o suficiente para ser capaz de receber a Revelação.

A situação na umma em relação ao evolucionismo não é muito diferente da encontrada na Igreja, onde também há católicos criacionistas e católicos evolucionistas, enquanto ambos estão distantes das situações dos ambientes fundamentalistas e radicalmente criacionistas de certo cristianismo protestante e para-cristianismo das Testemunhas de Jeová onde até nas esferas dos dirigentes, se encontram integralistas que tomam ao pé da letra todos os versículos da Bíblia, sem distinção entre os históricos e os fabulosos-simbólicos; isso favorece, no Ocidente, a radicalização da disputa entre criacionistas e evolucionistas.

No que diz respeito às Testemunhas de Jeová me parece mais correto falar em para-cristãos e não em cristãos, porque eles negam os pilares do cristianismo – ou, se preferir, o fenômeno religioso-histórico que é rotulado com a palavra Cristianismo – que são tanto a ressurreição e a divindade do verdadeiro homem Jesus, quanto a Trindade: essa última palavra significa sobretudo que Deus, em seu Ser eterno e imutável é também um verdadeiro homem, glorioso e espiritual, segundo as palavras de São Paulo, isto é, o Cristo eterno chamado também de o Filho, e que essa segunda pessoa é, tautologicamente, não só humana, mas divina, sendo o amor entre Pai e Filho infinito, e uma vez que tudo que é infinito tem por definição natureza divina, esse Amor infinito é a terceira Pessoa, chamada Espírito Santo.[5]

---

[5] A esse respeito, pode-se verificar, querendo, o meu ensaio, "È Uomo", Pozzuoli - Napoli, 2007, fora de catálogo em edição impressa, mas disponível gratuitamente em e-book-pdf, para fazer o download visite o site do autor na

Sobre a abertura feita pelo Alcorão à moderna ciência e em particular à teoria evolucionista, pode ser digno de atenção um especialista ocidental que escrevia e divulgava o mundo islâmico em conferências, o médico e egiptólogo francês, Maurice Bucaille (1920-1998), ex-chefe da Clínica Cirúrgica da Universidade de Paris e por longo tempo médico de família do rei Faisal da Arábia Saudita, onde começou a se interessar mais a fundo pela religião islâmica e pelo seu livro sagrado, de modo que em 1976 foi coautor, juntamente com o escritor Alastair D. Pannell, de um estudo sobre a Bíblia, o Alcorão e a ciência[6]. Bucaille considerava pela ótica alcorânica, porém não científica, que a evolução tivesse tratado indiferentemente todos os animais até os hominídeos e que com esses aconteceu uma bifurcação fundamental e as mutações aconteceram separadamente entre as famílias dos hominídeos, após muito tempo, deles surge os seres humanos. Bucaille definiu, ao tratar das relações entre o Alcorão e a ciência, que como ciência entendia-se um conhecimento profundo estabelecido e que o Alcorão continuava por excelência, um livro religioso, entretanto, para ele, nas suras se encontravam de forma alegórica muitas afirmações que apareciam como antecipações distantes da verdade científica hoje reconhecida, ainda que, o homem do início do século VII não pudesse entender aquelas referências; agora porém, muitos islâmicos têm um profundo conhecimento não somente do Alcorão, mas também das ciências naturais e agora as entendem muito bem. No que diz respeito ao Big Bang, para esse médico, os versículos do Alcorão sobre a criação do mundo foram bem narrados naquela conjectura moderna sobre a formação do universo, de

---

página http://www.pagliarino.com/myebooks.htm
[6] Maurice Bucaille, Alastair D. Pannell "The Bible The Qur'an and Science. The Holy Scriptures Examined in the Light of Modern Knowledge", ABC International Group Inc., U.S., 2003.

fato, no Alcorão havia dados relativos à existência de uma massa gasosa inicial única, isto é, cujos elementos a princípio eram todos ligados e depois se separaram, como pode ser encontrado tanto na sura 41, 11: "E Deus se voltou ao Céu quando tudo eram gases", como na sura 21, 30: "Não veem, acaso os incrédulos, que os Céus e a Terra eram uma só massa, que desagregamos?"; resultado do processo de separação que criou muitos mundos, uma noção que Bucaille encontrou muitas vezes no Alcorão, por exemplo na sura 1, 2: "Louvado seja Deus, Senhor do Universo". Para ele, tudo isso estava de acordo com as concepções científicas atuais sobre a existência de uma primeira nebulosa e do processo de separação sucessiva dos elementos daquela massa única, com a formação das galáxias e, nessas, as estrelas dando origem aos planetas. A respeito da origem da vida, para Bucaille era significativa a sura 21, versículo 30: "E que criamos todos os seres vivos da água", afirmação que poderia se referir, de acordo com ele, à moderna conjectura de que a origem dos seres vivos seja aquática.

Das relações entre o Alcorão e a ciência também se ocupou o psicólogo, poeta, pintor, entalhador e ceramista italiano, mas de descendência turco-afegã, Gabriel Mandel. Ele também escreveu[7] que nas suras, ao lado da repetição de antigos mitos e lendas, encontramos descrições metafóricas que modernamente podem se referir à conjectura evolutiva, em que Alá cria cada animal da água em fases sucessivas fazendo exatamente como ele queria: "E Deus criou da água, todos os animais; e entre eles há os répteis, os bípedes e os quadrúpedes. Deus cria o que Lhe apraz, porque Deus é onipotente" (sura 24, 45), ou onde se exorta o fiel dizendo: "Que vos sucede, que não depositais as vossas esperanças em Deus, sendo que Ele vos criou gradativamente?" (sura 71,13-14).

---

[7] Gabriele Mandel, "Il Corano senza Segreti", cit.

Talvez por causa do conhecimento dos sábios da umma sobre o alegorismo em várias partes do Alcorão, até recentemente não tinha sido gerada questões entre evolucionistas e criacionistas muçulmanos, por outro lado, esses últimos entraram em discussões com os nossos cientistas ateus e encontraram um muro de indiferença, no desprezo islâmico geral pela sociedade ocidental considerada degenerada e inimiga de Deus. Somente há pouco tempo as teorias evolucionistas são objeto de discussão pública nos países islâmicos. Não estamos de acordo com a guerra, mas essa se apresenta com a modernização das sociedades islâmicas, como afirma um conhecido professor de origem iraniana, Salman Hameed, do Hampshire College de Massachusetts, conhecedor profundo do mundo islâmico e estudioso do criacionismo e evolucionismo na umma. Um caso de reação criacionista se confirmou na Turquia, na primavera de 2009, ainda que o país seja o Estado Islâmico mais desenvolvido no sentido de modernização e nesse processo, do estudo do evolucionismo: ocorreu que na edição de março de 2009 da revista "Scienza e Tecnologia" (em turco "Bilim ve Teknik") na qual deveria conter um artigo de quinze páginas sobre Darwin, em comemoração aos 200 anos do seu nascimento, foi publicada no último momento sem o artigo e sem nenhuma explicaçã sobre o. Criou perplexidade no ambiente científico o fato de que a revista fosse financiada por uma agência governamental e que o governo fosse islâmico, mesmo não sendo extremista. O fato se espalhou pelo mundo através dos meios de comunicação por causa da censura, ou foi assim interpretada no ambiente acadêmico, levando à paralização e protesto de docentes e pesquisadores, e também à manifestações estudantis nas praças. Os adversários islâmicos da teoria da evolução direcionaram suas críticas essencialmente ao darwinismo, por causa do ateísmo e casualismo que ameaçavam o credo religioso muçulmano e até a ideia da existência de Alá[8].

Assim como entre os criacionistas cristãos, entre os islâmicos encontramos pessoas simples, figuras cultas, por exemplo, o professor universitário, Seyyed Hossein Nasr[9]. O tema mais frequente das suas pesquisas é o das relações entre a ciência e a fé religiosa e escreveu sobre elas de modo particular sobre o significado da ciência no âmbito da religião muçulmana. Tem se ocupado também da relação do homem com a natureza, recordando os pontos de vista de grandes figuras filosóficas muçulmanas do passado, e observou os efeitos devastadores do homem moderno no meio ambiente; falou da crise espiritual ocidental devido à secularização e, finalmente se dedicou a fundo ao darwinismo, chegando a considerá-lo uma mera crença ateísta constituinte da estrutura da ideologia científica positivista prevalente no Ocidente desde o século XIX e agora em processo de difusão, mesmo fora das fronteiras ocidentais.

Nota-se que, depois que a cultura islâmica considerou a ciência e os cientistas, entre os biólogos são muitos os que se aproveitam daquela avaliação para difundir a teoria da evolução através das mídias, universidades e escolas, alguns recorrendo de modo prático, outros com plena convicção religiosa, nos versículos do Alcorão que, como já havíamos visto, lidos hoje lembrariam a presença de uma abertura a hipótese evolucionista. Em primeiro lugar aqueles estudiosos se lembram da afirmação alcorânica de que a origem da vida foi na água, assim podem confrontar sem riscos de censura religiosa, com a *sopa primordial* de onde se originou o primeiro organismo monocelular, segundo a teoria da evolução: indicaria a utilidade, senão a necessidade, de fazer referimento à religião,

---

[8] Salman Hameed, cit.

[9] O iraniano Seyyed Hossein Nasr (1939) é professor de estudos islâmicos na Universidade George Washington, também é metafísico, filósofo científico e estudioso de religião comparada.

me lembra que a situação da pesquisa nos países muçulmanos, ao menos naqueles mais integralistas, não é comparável àquela totalmente livre do Ocidente. Os evolucionistas da umma também se referem aos escritos dos filósofos medievais islâmicos, se para o Islã, Deus é representado apenas alusivamente através de metáforas e se evolucionistas muçulmanos se referem principalmente as do Alcorão, tais metáforas estão presentes também nas obras de pensadores universalmente conhecidos no ambiente islâmico, cujos escritos foram compostos em sua maior parte entre os séculos XI e XIII. Entre os mais citados evolucionistas maometanos está o maior poeta e místico de todo o Islã, o persa Maulānā Gialāl al-Dīn (1207-1273)[10], conhecido no Ocidente como Rūmī, da cidade de Rūm, na Anatólia, onde viveu a maior parte de sua vida. Ele afirmava que o homem vinha de muito distante, passando do reino das coisas materiais não orgânicas para o reino vegetal, e depois para o reino animal, cada vez sem se recordar o estado anterior, até chegar à condição humana, ainda uma vez sem conservar a memória das suas almas vegetativas precedentes; e também, acrescentou que um estado angelical puramente espiritual estava à espera do homem.

> Apesar do caminho diverso e crença religiosa diferente, pode vir à mente a esse respeito a teologia do padre Pierre Teilhard de Chardin, de quem falarei criticamente no capítulo 9, com sua espiritualização final não só do homem, mas universal, que aquele antropólogo e geólogo jesuíta chamava Cristosfera.

Os evolucionistas islâmicos também se referem a seu filho, o grande mestre *sufi*, às vezes poeta, Sultan Walad (1226-

---

[10] Di Maulānā Gialāl al-Dīn Rūmī, pode ser encontrado traduzido do persa "L'Essenza del Reale - Fîhi mâ fîhi (C'è quel che c'è)", tradução, introdução e nota de Sergio Foti, revisão de Gianpaolo Fiorentini, Torino, 1995.

1318), autor de "La parola segreta"[11].

> O *sufismo* é uma escola esotérica do Islã, dedicada à pesquisa da verdade espiritual, com a finalidade de compreender perfeitamente a si mesmo e de elevar-se até a visão de Alá, graças a certas práticas particulares secretas, entre as quais a da música e da dança, que levaria à renúncia do próprio ego. O primeiro grupo de pii sufistas nasce quase que ao mesmo tempo que o Islã, estando Maomé ainda vivo. Todas as escolas modernas sufis que se espalharam por muitos países, entre eles os do Norte da África, Turquia, Síria, Irã, Índia e Indonésia, têm aquela origem.

Sultân Walad, apoiado pelas ideias paternas e talvez influenciado, como presumivelmente seu pai também foi, por "Da Alma" de Aristóteles, sustentava que da matéria era derivada a alma vegetativa dos organismos e que então Alá havia acrescentado no homem a psique racional: "Os seres viventes produziram uma alma animal. Pela sua graça, Deus vos concede a razão"[12]. Assim como no Alcorão, para esse mestre todos os seres derivavam da água e também, segundo ele, esses um dia retornariam à água de origem, porque a luz do sol da beleza divina, escreveu ele, teria derretido a neve existente que fluiria como um riacho: aqui você pode ver uma certa afinidade entre a água dos primórdios e a *sopa primordial* do evolucionismo moderno. Os evolucionistas também se referem ao norte-africano, Ibn Khaldun[13] (1332-1406), considerado o maior historiador e filósofo social árabe, e também gramático e jurista de direito islâmico; ele tinha

---

[11] Traduzido em francês "La parole secrète" por Djamchid Mortazavi e Eva de Vitray-Meyerovitch, Editions du Rocher, Parigi, 1988, e posteriormente traduzido do francês para o italiano: "La parola segreta - L'insegnamento del maestro sufi Rûmî", trad. de Norge Russo, revisão de Gianpaolo Fiorentini, Torino, 1993.
[12] "La parola segreta", cit.

observado outras semelhanças entre homens e símios e acreditou somente na evolução das espécies aquáticas.

Eu disse que Rumi e Walad devem ter sido conhecedores de Aristóteles e estiveram de alguma forma sob sua influência; e em geral, o Islã acreditava, desde a sua criação, que sinais da verdade divina se encontravam também nos escritos sapienciais não maometanos, tanto na filosofia oriental, como em obras científicas e filosóficas da Grécia clássica e do helenismo, que foram em seguida, traduzidas para o árabe e para o persa por estudiosos muçulmanos, e por eles comentadas. A transferência de escritos gregos contribuía para enviar o Islã ao campo da ciência, e no prosseguimento da tradição helênica, até as áreas das quais se distanciava, a medicina, a astronomia, a geometria de matriz euclidiana e pitagórica.

Não é estranho, enfim, que diversos muçulmanos veem hoje com interesse a teoria da origem das espécies. Tudo fica relacionado ao padrão essencial do Alcorão, não se encontram cientistas ateus nos países islâmicos, os evolucionistas são crédulos e convictos de que não existe contradição entre ciência e fé. Uma vez que não só os docentes universitários, mas também os professores de biologia das escolas médias e superiores usam o Alcorão, para explicar a origem da vida e da evolução das espécies, segue-se que uma porcentagem não pequena das populações islâmicas de média e alta cultura são normalmente evolucionistas, enquanto do restante a maioria normalmente permanece criacionista, composta por pessoas com pouca ou nenhuma escolaridade.

---

[13] Ibn Khaldun foi traduzido em francês como "Discours sur l'histoire universelle (al-Muqaddima)", traduction, préface, notes et index par Vincent Monteil, Beyrouth, Commissione Libanaise pour la traduction des chefs-d'oeuvre, 1968. O nome completo desse filósofo era Walī al-Dīn Abd al-Rahmān ibn Muhammad ibn Muhammad ibn Abī Bakr Muhammad ibn al-Hasan al-Hahramī.

Discussões sobre evolução no ocidente cristão (antigamente, cristão)

Como melhor veremos adiante e em particular no capítulo 5, é ao contrário no Ocidente cristão – ou que era a algum tempo, considerando a conduta atual de boa parte da população – que se presenciam discussões até mesmo polêmicas entre os poucos fiéis restantes e os darwinistas ateus, que contam como acaso não só a evolução, mas todo o universo começando pelo Big Bang: mas, por vezes, disputas e brigas não faltam mesmo entre os crentes criacionistas e os evolucionistas que sustentam uma evolução física do cosmo e biológica das espécies, ambas voltadas e guiadas pelo Criador. O extremo é que, muitas vezes, o objeto de litígio não é a investigação científica em si, mas os argumentos ontológicos, confundindo-se entre o campo da investigação experimental e os de estudos metafísicos e bíblico-teológicos sobre o ser, mesmo quando não seja uma ideologia profunda a mover a discussão.

O restante do ensaio irá cobrir essas áreas.

Enquanto isso, parece-me conveniente recordar as três principais teorias da evolução, acrescentando, no entanto, daqui por diante, algumas considerações.

2
Resumo histórico das teorias evolutivas

O evolucionismo coincidiu com o darwinismo, embora a teoria de Charles Darwin estivesse ao lado, ou talvez antecipada à teoria análoga de Alfred Russel Wallace, e ambas foram precedidas pela conjectura evolucionista de Jean-Baptiste Lamarck. Além disso, como veremos melhor no capítulo 7, durante o neoevolucionismo foi proposta uma nova subteoria, a dos equilíbrios pontuados.

Apresento uma breve digressão histórica, na qual acrescento algumas considerações inerentes:

Charles Darwin (1809-1882)

O cientista agnóstico inglês Charles Darwin, foi crente na infância, e na juventude um fundamentalista cristão; nascido em um ambiente de devotos protestantes, de pai anglicano e mãe unitariana[14] sendo submetido pelos genitores a uma

---

[14] O unitarismo, hoje presente em primeiro lugar nos Estados Unidos da América, rejeita a ideia de três Pessoas igualmente divinas e coeternas do Deus único, crê na simples unicidade da Pessoa de Deus, não em sua Trindade. Para os unitaristas, Pai, Filho e Espírito Santo são meros títulos que descrevem as várias atribuições e as diversas obras de Deus, mas não exprimem uma triplicidade na natureza divina: Pai refere-se a Deus em sua relação familiar com a humanidade, Filho designa Deus encarnado, Espírito Santo indica Deus quando age criando o mundo e assistindo providencialmente a humanidade. Foi uma crença que tivera importância nos primeiros séculos e que surgira já entre os judeus-cristãos que conservavam insuperáveis a visão de um único Javé de que fala o Antigo Testamento. Os unitarianos, não totalmente extintos, se reapresentavam com clamor no cenário histórico-religioso no século XVI com os pensadores e teólogos Piotr z Goniądza (z = di) mais conhecido como Petrus Gonesius, David Ferencz, Lelio Francesco Maria Sozzini, ou Sozini, sobrenome que latinizou como Socinus, Martin Borrhaus, conhecido como Cellarius, Bernardino Ochino e Miguel Serveto, talvez o mais conhecido pela publicação do *De Trinitatis erroribus* em 1531, tratado que provocou enorme escândalo na Europa, e foi condenado por heresia e queimado na fogueira pelos cristãos calvinistas, em Genebra, no ano de 1553.

rigorosíssima educação religiosa, compreendendo o estudo quase literal da Bíblia, e depois enviado a um colégio cristão, em Cambridge, para estudar teologia. Como consta em sua "Autobiografia", de tudo isso tinha lhe ficado por muito tempo a ideia da literalidade, a absoluta verdade de cada palavra bíblica. Após suas pesquisas, junto à publicação da obra fundamental "Sobre a origem das espécies por meio da seleção natural ou a preservação das raças favoritas na luta pela vida", conhecida como "A origem das espécies", ele se declara agnóstico.

Como se sabe, tinha iniciado sua carreira de naturalista empreendendo em 1831, como convidado do comandante, uma viagem de cinco anos ao redor do mundo, no Beagle, um brigue da Marinha militar britânica que hospedava uma expedição cartográfica, e tinha assim visitado e explorado as ilhas de Cabo Verde e Malvinas, as costas atlânticas e pacíficas da América Meridional, as ilhas Galápagos e, por fim, a Austrália. No arquipélago de Galápagos tinha notado que cada ilha abrigava um tipo de tartaruga e de espécies avícolas, que em certos aspectos eram similares e em outros eram diferentes, além disso, observou semelhanças entre certos fósseis que tinha descoberto e certas espécies viventes. Neste ínterim tinha lido o ensaio de 1798 do pastor protestante Thomas Malthus (1766-1834), sobre população[15], no qual esse economista sustentava que o incremento da população humana era superior àquele das reservas alimentares e se desenvolvia em progressão geométrica enquanto o alimento disponível aumentava somente em progressão aritmética, de maneira que se era impelido a cultivar terras sempre menos férteis, e sofrendo assim grande escassez de gêneros alimentícios em uma sempre vasta

---

[15] "An essay of the principle of the population as it affects the future improvement of society" – "Ensaio sobre o princípio da população e como essa afeta o desenvolvimento futuro da sociedade"

propagação da fome, com mortes por inanição, em um tipo de controle natural que selecionava a população humana. Malthus, os descobrimentos e as observações naturais, despertaram em Darwin as ideias que o teria levado a formular a teoria da evolução pela seleção natural; em particular partiu da suposição de que as diversas tartarugas que observou tivessem tido origem em uma espécie comum e tivessem mudado, adaptando-se aos diferentes ambientes das diversas ilhas do arquipélago de Galápagos. Retornou à Londres em 1836 com as amostras vegetais, os animais recolhidas e os fósseis encontrados. Tinha entregue para análise os seus repertórios ornitológicos à especialistas do British Museum (Museu Britânico) e no ano seguinte foi por eles informado que aqueles pássaros, apesar do aspecto bem diferente, pertenciam todos à família zoológica Fringillidae e a subfamília Geospizinae, ou seja, dos tentilhões comuns. Tinha concluído que em cada espécie vivente nasciam, no decorrer das gerações, indivíduos com características diferentes em relação àquelas dos seus procriadores e entre tais indivíduos um princípio de competição, a seleção natural, que escolhe o mais adaptado a sobreviver no ambiente; a geração que segue tem uma presença maior de exemplares que melhor sobrevivem e melhor se reproduzem. Em outras palavras, para esse cientista, alguns princípios intervêm no processo evolutivo, o da variação casual, tanto fisiológica e, em consequência dessa, o comportamental, o princípio da hereditariedade das transformações e o da seleção natural na competição entre indivíduos; Darwin, tendo como cenário o ambiente de Galápagos, concebe a ideia de nichos protegidos que os mantêm favoráveis ao mecanismo, graças à ausência ou pelo menos a menor presença de predadores e, em geral, de danos ambientais; afirma além disso, que o motor de tudo é o puro acaso, mesmo que, em um momento anterior, ele tenha imaginado uma possível finalidade para essa variação.

Falar de acaso no darwinismo e, hoje, no neodarwinismo e em geral na pesquisa biológica e naturalista, significa dizer que uma transformação em um ser vivente não depende da necessidade do organismo e que a sua transformação não é imposta por uma exigência oriunda do ambiente, mas que se trata de transformação puramente fortuita: o vivente modificado, que por acaso venha a se encontrar em uma melhor condição do que outro, em relação ao ambiente em que habita, sobrevive, originado uma nova espécie que prospera, enquanto os não modificados e poucos modificados de sua espécie se extinguem[16]. Como já havia escrito em um ensaio anterior[17], para Darwin *"não havia nenhuma finalidade na seleção natural, a qual não era conduzida por nenhuma força lógica da natureza e menos ainda, por uma causa sobrenatural: para ele, as transformações eram mecânicas, a evolução não tinha nenhum propósito de progresso, nem existia uma hierarquia entre os viventes, incluindo o homem; era o acaso que produzia variações, por isso a transformação do ambiente não tinha nenhum objetivo, mesmo que para satisfazer uma necessidade particular do*

---

[16] A extinção todavia não ocorria sempre e necessariamente, como parecem demostrar os chamados *fósseis viventes*, expressão cunhada pelo próprio Darwin que não tinha ocultado o fenômeno, por considerá-lo excepcional. Pode-se citar, a título de exemplo, alguns entre muitos: no campo vegetal, a sempre florida *Gingko biloba*, cuja espécie surgira o mais tardar no Jurássico, época dos dinossauros; no campo animal, as esponjas, que existem ininterruptamente há pelo menos um bilhão de anos, e o peixe Celacanto, classificado cientificamente como *Latimera chalumnae* pelo fato de que tinha sido pescado no Oceano Índico, na foz do rio sul-africano Chalumna: tratava-se de em belo exemplar de um metro e meio de comprimento e com peso de cinquenta e sete quilos, que apresentava nadadeiras musculosas, característica essa da sua antiga espécie, a dos *Crossopterigi Celacantiformi*, da Era Paleozoica, isto é, de cerca de quatrocentos milhões de anos, que foi considerada totalmente extinta há muito tempo.

[17] "È Uomo" (em particular o capítulo II) - IL CERVELLO, LA MENTE, L'ANIMA DI FRONTE ALLA SCIENZA, cit.

indivíduo. Segundo Darwin, se a variação casual era negativa não seria transmitida, se fosse positiva, sim. Tal visão obviamente divergia da visão cristã. O paradigma de Darwin era o mecanismo de Newton, que durante dois séculos tinha contribuído grandemente para a pesquisa no campo da física e tinha sido ponto de referência para todos os cientistas: no século XIX ainda se estava longe das sucessivas e confusas descobertas – probabilismo, quântica e relatividade – Darwin queria e também pensava em poder construir um sistema sólido para a biologia, como existia em sua época, o newtoniano, fundamentado nas três leis da mecânica; tinha então conjecturado e apresentado por sua vez três leis: as mutações casuais que justificavam, segundo ele, o surgimento das novas espécies; a luta pela existência, que premiava as mutações mais adaptadas; a seleção natural, causada pelo isolamento geográfico, que favorecia a extinção de espécies e o desenvolvimento de outras: para dizer a verdade, não era a ideia da evolução em si que perturbava o Cristianismo, mas o conceito de seleção natural, que se desencontrava com a ideia do Plano divino para os seres humanos e era a ideia de um processo mecânico oculto, enquanto que pela fé cristã, até mesmo Deus, na sua segunda Pessoa encarnou intencionalmente na História".

Em seus últimos anos de vida, Charles Darwin aceitou o conceito, chamado pangênese, teoria de Lamarck (v. adiante), isto é, a conjectura do uso e do desuso de um órgão que provocaria inerentes variantes na geração seguinte.

Sobre críticas a Darwin

Hoje em dia o darwinismo está associado à críticas e pontualizações, não somente por parte dos que acreditam, mas também em certos ambientes neodarwinistas. Em síntese, são as seguintes:

O modelo darwiniano não pode explicar fenômenos como as grandes transformações repentinas e os eventos catastróficos da extinção, como a que ocorreu com os dinossauros, que contrastam com a conjectura da evolução gradual; o tempo necessário para o estabelecimento das novas espécies seria muito longo se as mutações fossem lentas e graduais; o darwinismo clássico não explica o papel das mutações neutras, constituinte da grande maioria das próprias mutações; não contempla as inegáveis e diversas formas de cooperação entre seres vivos, que contradizem a imagem de um mundo guiado somente pela luta por sobrevivência; nem Darwin esclarece o mecanismo da hereditariedade dos caracteres adquiridos.

Neodarwinismo e as novas fronteiras

Com o tempo as novas fronteiras alcançam a genética, em particular a descoberta do DNA[18] e os estudos que se seguiram, matéria que era desconhecida por Darwin e as primeiras gerações de seus seguidores, levaram os neodarwinistas, sempre sob as hipóteses casualistas, a estudos de microbiologia direcionados a corroborar com a ideia das mutações e, em seguida da teoria evolucionista: foi formulada a chamada *teoria sintética* que considera tais origens da seleção natural, em primeiro lugar, as mutações genéticas casuais mínimas no DNA, chamadas *microevoluções*, que no decorrer do tempo, sob o crivo da mesma seleção natural darwiniana,

---

[18] Sabe-se que todos os organismos possuem DNA, ácido desoxirribonucleico, e, também RNA, ácido ribonucleico. O DNA contém todas as informações genéticas hereditárias do núcleo, isto é, os chamados plasmídeos, mitocôndrias e cloroplastos, que são a base do desenvolvimento de todos os organismos; além disso tais informações genéticas vêm transcritas em moléculas de RNA, que contém o código para sintetizar algumas proteínas específicas.

somando-se se tornam *macroevoluções*.

Por outro lado em ambiente de crentes, evolucionista ou não, evidencia-se que nós seres humanos não podemos ser reconduzidos a nenhuma outra espécie considerando os respectivos DNA, nem mesmo a dos animais, que aparece muito próximo ao nosso. Em particular, faz-se notar que existe um abismo entre o homem e o animal menos distante dele, o bonobo, isto é, o chimpanzé-pigmeu, mesmo que a sequência do DNA das duas espécies seja quase iguais. Foi realizado o sequenciamento[19] do DNA do bonobo e se revelou as sequências de seu genoma, que compreende a informação genética do organismo, isto é, todo o seu material genético, são como o dos humanos em 98,4 por cento e que os 1,6 por cento de diferença corresponde aos 35 milhões de nucleotídeos do total de aproximadamente 3 bilhões. Existem outras diferenças relacionadas às chamadas duplicações, inversões, inserções, deleções, às quais reduzem a semelhança a aproximadamente 96 por cento, e segundo os cientistas que realizaram essa pesquisa, trata-se de diferenças muito significativas[20], há outras, dizem, diversidades nas cadeias de aminoácidos das proteínas, deformidades estruturais da hemoglobina e outras ainda, que o leigo pode não entender, mas são expressivas para os especialistas. Todas essas diferenças reunidas faz do homem um ser substancialmente diferente da *Chita* – o chimpanzé do Tarzan. Por outro lado, nós seres humanos não podemos ser reconduzidos jamais aos representantes da espécie *Homo sapiens* diferentes da nossa, a *dos Homo sapiens sapiens*, isto é, do homem que não só sabe, mas sabe porque a sua mente é o

---

[19] O sequenciamento do DNA consiste em estabelecer a ordem dos chamados nucleotídeos, isto é, adenina, citosina, guanina e timina, que constituem o ácido nucléico: como dizem os especialistas, determinar a sequência é útil para pesquisar a maneira como os organismos vivem; no interior da sequência são codificados os genes de cada organismo vivo e também as instruções para expressá-los no tempo e no espaço: chamada de regulação da expressão gênica.

[20] Cf. a revista "Le Scienze" n. 446, de outubro de 2005, pag. 27.

resultado de um vertiginoso salto vertical qualitativo, sempre considerando os respectivos DNA; por sua vez, o cientista evolucionista Guido Barbujani, professor de genética da Universidade de Ferrara, afirmou[21] que "*o estudo dos fósseis demonstra que foi uma história iniciada na África, talvez há 6 milhões de anos, quando se separaram os destinos de dois grupos de símios que com o tempo teriam evoluído para duas espécies modernas, o chimpanzé e o homem. A partir de então apareceram diversas formas humanas diferentes, das quais somente uma, a nossa, sobreviveu. [...] Cem mil anos atrás pessoas como nós, com um esqueleto como o nosso, eram encontradas somente na África Oriental. Mas também na Europa viveram seres humanos, mesmo tendo um esqueleto e uma cultura diferente das nossas: os neandertalenses. E na Ásia existiram outras duas formas humanas. [...] Hoje, pelo menos no que diz respeito aos neandertalenses, sabemos que o seu DNA era diferente do nosso, tão diferente que não poderiam ser nossos antecessores: foram extintos quando chegamos da África*".

> Penso que em se tratando de duas outras formas humanas que existiram na Ásia, Guido Barbujani tenha se referido ao *Homo sapiens heidelbergensis* e ao *Homo floresiensis*. O *Homo sapiens heidelbergensis* (entre 600.000 e 100.000 anos atrás), cujos primeiros vestígios foram encontrados próximo à Heidelberg, em Baden-Württemberg, depois na Ásia e na África; tinha uma capacidade craniana de até 1600cc e, segundo os antropólogos, provavelmente tinha sido o progenitor na Europa do *Homo sapiens neanderthalensis,* ao mesmo tempo em que na África esse *Homo sapiens* estava evoluindo para o que seria, em um salto vertiginoso, *o Homo sapiens sapiens*. O *Homo floresiensis*, assim chamado porque foi descoberto em 2003, na Ilha de Flores, a leste de Bali, na Indonésia; viveu até

---

[21] Cf. Tuttoscienze, de 16 de setembro de 2009, pag. IV e V.

18.000 anos atrás, tinha capacidade craniana de somente 380cc, mas proporcional à sua baixa estatura, inferior a de um pigmeu; acredita-se que na ilha tenham convivido conosco, os *sapiens sapiens*; encontraram utensílios em pedra junto aos achados paleontológicos dessa espécie, que fez supor que os *forensiensis* tivessem desenvolvido uma forma de cultura não obstante as dimensões pequenas de seus cérebros, e por isso a mesma espécie seria qualificável como *sapiens*, também porque os seus dentes são pequenos como os do *Homo sapiens* enquanto os dentes dos hominídeos antigos são, ao contrário, relativamente maiores.

Segundo os evolucionistas contemporâneos, então, uma espécie ancestral de *prossímio* seria o antecessor dos primatas e teria originado a seis milhões de anos atrás, outras espécies de prossímios da qual alguns descendem até o nosso tempo – os lêmures, os társios e os lorisiformes (loriformes), classificados como uma subordem da categoria dos chamados primatas, como o antecessor distante dos prossímios – um protossímio de um lado, desenvolvendo-se até o chimpanzé atual, e do outro lado um primeiro hominídeo ereto, ainda animal, mas se transformando rapidamente (para os cristãos evolucionistas segundo a conjectura de uma evolução por salto, da qual falarei adiante), nos diversos ramos da espécie *Homo*, entre elas a do *Homo sapiens sapiens*; e considerando que, como foi demonstrado cientificamente, o DNA dos neandertalenses era diferente do nosso como também é o do chimpanzé, diferente o suficiente, isto é, para nos permitir entender que provavelmente não tínhamos nenhuma relação de parentesco com o *Homo sapiens neanderthalensis*, ainda que isso precise ser verificado, além disso o DNA das outras espécies de *Homo sapiens*, era pouco ou muito diferente do nosso.

Um parênteses: *Prossímio* significa antecedente ao símio e

descendente dele e não obviamente confundir com *protossímio,* quer dizer, como diz a palavra, com o primeiro símio verdadeiro e próprio, do qual, segundo a teoria, teve origem, entre outros símios, o chimpanzé. Pois que do prossímio se originaram tanto os seres humanos, como paralelamente os símios, dizer que o homem descende do símio é um erro.

O crente poderia se perguntar se toda aquela variedade, não obstante o nome científico Homo, fosse ou não espécies humanas aos olhos de Deus, se fossem ... Adão

É uma pergunta que poderia intrigar, academicamente, também os não crentes.

Nota-se antes de tudo que o nome bíblico Adão,' Ādam, significa o Homem, o Ser humano, com inicial maiúscula no sentido da Humanidade de cada época.

Podemos em primeiro lugar observar a questão do *ângulo visual da criatura.* No que diz respeito à inteligência, não somente os neandertais, seres relativamente recentes que viveram entre 130.000 e 30.000 anos atrás, mas também outras espécies *Homo* mais antigas projetavam e construíam ferramentas rudimentares em pedra: O *Homo ergaster,* viveu na África entre 1.8 milhões e 300.000 de anos atrás, foram os iniciadores do trabalho lítico, transformando o sílex em formatos bifaciais, semelhante ao formato de uma amêndoa, assim chamada pelos paleontólogos (do latim, amygdala); sucessivamente as diversas variedades da espécie *Homo erectus* trabalharam na indústria da pedra. Essa inteligência primitiva fazia deles seres adâmicos? Voltemos mais próximos de nós, entre 400.000 e 300.000 anos atrás, indivíduos da espécie *Homo sapiens arcaicus* sabiam acender o fogo e comiam alimentos cozidos, coordenavam a caça, usavam vestimentas rudimentares e um fato particularmente interessante, sepultavam os mortos como haviam feito os *Homo sapiens neanderthalensis* e também o *Homo sapiens sapiens*; pode-se perguntar: todas aquelas espécies tinham também intuição sobre o divino, uma vez que, pelo menos, enterravam os cadáveres? Faziam isso por acreditar na sobrevivência dos mortos na Eternidade? Até prova em contrário, não foram encontradas provas históricas dos ritos fúnebres em homenagem ao morto, ritos que poderiam significar a crença em uma dimensão sobrenatural. Todos enterravam os mortos, possivelmente para evitar os miasmas cadavéricos. As primeiras provas dos ritos religiosos (e ainda de formas artísticas) das espécies *Homo* se situam na idade recente, em um período entre 40.000 e 30.000 anos atrás e são somente do *Homo sapiens sapiens*; é de fato necessária uma complexa organização social, uma linguagem, e um senso moral, uma vez que cada descoberta até hoje sugere que são características somente nossas, seres humanos, e não dos mais antigos hominídeos e nem mesmo do menos antigo *Homo sapiens neanderthalensis* que, por um notável período de tempo, viveu ao mesmo tempo que nós.

Em relação ao ponto de vista sobre Deus – obviamente estamos aqui como crentes – não é possível ao homem descobrir se também os já extintos pertenciam ao gênero *Homo* e, sobretudo os menos distantes de nós, os neandertalenses, tivessem sido criaturas cujo o Criador, embora não tivesse concedido a eles uma Revelação, tivesse aberto a possibilidade de continuar a viver em seu Ser eterno depois da morte: somente Deus sabe; naturalmente não é função da ciência questionar o mérito, não se tratando de alguma coisa experimental. O crente sabe que na Escritura não foi revelado nada a respeito, como por outro lado nada foi dito nem mesmo em relação à eventual sobrevivência eterna de possíveis extraterrestres, inteligentes ou não, nascidos daqueles animais, e a fé sugere que por isso, tais possíveis projetos não devam considerar o devoto, quer dizer que nos dois Testamentos, Deus tinha revelado apenas o que se relacionava à espécie *Homo sapiens sapiens*, da qual cada representante, no sentido de que aceita a Palavra, foi criado a imagem e semelhança do próprio Deus e, segundo o credo dos cristãos, a imagem da segunda Pessoa trinitária, o homem-Deus Jesus Cristo.

É meu personalíssimo ponto de vista que o Criador não tenha elaborado projetos somente para o *Homo sapiens sapiens* mas tenha atentado, pelo menos, para os outros seres do tipo *sapiens* e, para além da Terra, a eventuais extraterrestres mais ou menos inteligentes.

Quanto aos animais, pode-se notar que o Papa Paulo VI acreditava, a título pessoal, em sua sobrevivência em Deus: como ilustração tinha se referido ao fato de que tendo encontrado em público um menino que estava chorando pela morte do próprio cãozinho, o Pontífice tinha lhe assegurado que o reencontraria no Paraíso.

A propósito da pergunta, se os representantes das outras espécies *Homo* fossem ainda esses mesmos representantes de Adão, pode-se verificar mais adiante no parágrafo *Pio XII*, monogenismo e poligenismo no capítulo 8, intitulado *Pareceres de alguns dos últimos Papas*.

Jean-Baptiste Lamarck (1744-1829)

De Darwin e do neodarwinismo voltemos até o primeiro evolucionista, Lamarck; depois retornaremos adiante no tempo até Russel Wallace, contemporâneo de Darwin.

> Pela precisão, a propósito da superioridade de Lamarck, recordo que um pouco antes dele, o naturalista George Buffon, precisamente Georges-Louis Leclerc, conde de Buffon (1707-1788), tinha tido algumas intuições

evolucionistas, sem todavia elaborar teorias: era um especialista em anatomia comparada, e como tinha escrito em sua obra de 36 volumes "L'Histoire naturelle, générale et particulière", publicada nos anos de 1749 a 1789, em parte depois da sua morte, tinha notado semelhanças entre o homem e o símio e tinha suposto uma possível genealogia comum.

Depois de um período na carreira militar, o francês, Jean-Baptiste Lamarck, dedicou-se ao estudo das ciências naturais, segundo uma visão filosófica da natureza, inspirado no materialismo iluminista. Antes dele pensava-se que as espécies tivessem sido criadas assim como se apresentavam, sem nenhuma transformação; o grande classificador sueco dos organismos botânicos e zoológicos Carl Nilsson Linnaeus, nascido na Itália e conhecido, simplesmente como Lineu (1707-1778), tinha sido fixista, mesmo próximo ao fim da vida supôs que pudesse, por hibridização entre espécies similares, surgirem novas espécies, mas a ideia de hibridização não pode ser considerada evolucionista. Para Lamarck, a matéria não era constituída de elementos estáveis e definitivos, como se supunha, mas era mutável. Ele, partindo das observações nos invertebrados, tinha concebido a transformação das espécies viventes no curso do tempo, causada pela solicitação do ambiente e da própria capacidade de adaptar-se: tinha hipotizado que em todos os organismos biológicos houvesse um estímulo interno de mudança, tendendo à perfeição, a qual, por causa de fenômenos que ele chamava de "o uso e desuso das partes" e "hereditariedade dos caracteres adquiridos", os fazia exatamente se tornarem cada vez mais complexos no decorrer das gerações. Trouxe assim a biologia até o evolucionismo, segundo uma ideia dinâmica da história natural. Expressou suas conjecturas na obra "Philosophie zoologique", de 1809. Lamarck foi também o criador do termo "biologia", que inseriu na grande Enciclopédia Iluminista francesa, onde na redação substituiu D'Alembert[22].

Sua teoria foi seguida com atenção no ambiente científico até o fim dos anos 20, no século XX, depois o lamarckismo foi criticado, primeiro só por uma parte dos cientistas, em seguida, por todos, seja por causa da afirmação lamarckiana de que o impulso para a transformação era inato no vivente, o que era algo apenas presumido e nunca demonstrado, seja principalmente pelo fato de que um caractere adquirido durante a existência não parecia, como não parece, transmissível aos descendentes, enquanto aquele caractere ficar memorizado nas células somáticas e não nas células germinativas; por exemplo, uma pessoa que se torna obesa não transmite naturalmente a sua adiposidade aos descendentes, mas somente se lhe empanturrarmos de alimento nos primeiros meses e anos de vida é que elas se tornarão obesas por todo o resto da vida, e portanto não se trata de um fato congênito mas sim cultural (obviamente uma péssima cultura).

Alfred Russel Wallace (1823-1913)

Esse naturalista autodidata galês, e também ecologista *ante litteram*, tinha dedicado toda a sua vida à pesquisa pura, vivendo em condições econômicas precárias; para ele compensava mais vender aos museus as suas coleções zoológicas e suas palestras; viveu nos últimos anos, com uma modesta pensão pública vitalícia recebida graças a Darwin e a outros, revelando-se, todavia insuficiente para fazê-lo viver com conforto.

---

[22] O enciclopedista Jean-Baptiste Le Rond d'Alembert (1717-1783) era astrônomo, físico, matemático, filósofo e um dos mais importantes exponentes do iluminismo francês.

Russel Wallace aderiu à teoria evolucionista depois de duas expedições científicas, a primeira na Amazônia, a segunda na Malásia e Bornéu, estudando a fauna e a flora daquelas regiões e correlacionando as características das espécies com a sua distribuição geográfica. Recolhia ao mesmo tempo, para subvencionar as próprias pesquisas, exemplares da fauna exótica que enviava a Londres para um mediador que as revendia a colecionadores particulares e a museus. Tinha lido, independentemente de Darwin, o ensaio de Malthus sobre população. Em 1885, enquanto ainda estava em Bornéu, escreveu o primeiro ensaio, "On the law which has regulated the introduction of new species" – "Sobre a lei que regulava a introdução de novas espécies", onde já expressava a sua hipótese evolucionista, porém, sem ainda opinar sobre qual dispositivo se baseava a modificação dos organismos e o surgimento das novas espécies. Três anos mais tarde, em Londres, finalmente tinha tido a intuição de que o mecanismo consistia na seleção natural. Comunicou sinteticamente por escrito a sua concepção em um artigo que enviou a Charles Darwin para avaliação, antes mesmo que essas hipóteses se tornassem públicas. A teoria de Russel Wallace era exposta de modo conciso e inequívoco e, sem ser essa a intenção do autor, deixou Darvin contrariado porque após vinte anos de pesquisas, via-se em risco de ser considerado um epígono. Todavia, Russel Wallace, sabedor de outro dos seus estudos paralelos, aceitou sem hesitação a ideia da coincidência, e fez um acordo para que as duas teorias fossem apresentadas em público ao mesmo tempo em 1º de julho de 1858, na Linnean Society; em seguida o artigo de Russel Wallace foi publicado, como também alguns trechos dos escritos inéditos de Darwin que, estimulado pela situação, tinha esclarecido as dúvidas e no ano seguinte, finalmente, publicou um longo resumo do seu monumental trabalho, "A origem das Espécies". Era o positivíssimo século XIX e no auge do sucesso, com a fama mundial, Darwin se torna agnóstico, fato que para outro cientista era estar sempre a sombra junto à maior parte do público, porém não praticando uma religião não era nem ateu nem agnóstico, mas tinha uma concepção espiritualista e, portanto, seguro de que era a seleção natural que movia a evolução das espécies, não tinha ampliado tais termos mecanicistas ao desenvolvimento das faculdades intelectuais e morais do ser humano. Tinha expressado somente indiretamente a sua percepção espiritual sobre o homem, no ensaio "The origin of human races and the antiquity of man deduced from the theory of *natural selection*" – "A origem das raças humanas e a antiguidade do homem segundo a teoria da *seleção natural*", publicada em 1864 no "Anthropological Review", no qual afirmava, mas sem apresentar provas, como o caso oculto apresentado por Darwin, que a seleção natural tinha deixado de atuar sobre o corpo do homem desde que ele alcançara a condição humana plena e que então, as suas características físicas tinham perdido todo o sentido para a sobrevivência da pessoa, assegurada por um novo fator, a mente, peculiar somente ao ser humano. Essa lhe rendia um grau de exercitar o poder sobre a natureza, enquanto graças a essa, fugiam da influência da natureza sobre ele, ao contrário, todos os outros viventes tinham seguido e continuavam a sofrer modificações evolucionistas em cada parte do próprio corpo. Segundo Russel Wallace, o antropoide se modificou sim, até um certo momento, em todo o corpo, mas depois somente no próprio cérebro, o que tinha influenciado o processo de seleção até o inteligentíssimo ser humano; e isso aconteceu em primeiro lugar graças à posição ereta e consequentemente ao uso das mãos como instrumento de trabalho e de luta, estágio inicial daquela especialização cerebral que teria permitido ao encéfalo se tornar enfim o maravilhoso cérebro do homem, não mais em evolução, mas definitivamente formado. Com tal hipótese o materialista e não finalista Darwin tinha ficado surpreso e, algum tempo depois quando Russel Wallace tinha claramente expresso a sua concepção espiritualista afirmando também que a evolução do homem era guiada por inteligências transcendentais, ficou assustado e escreveu para ele preocupado: "Confio que você não tenha matado completamente o seu e o meu filho". Nota-se por outro lado que Russel Wallace pensava como Darwin, sobre uma evolução lenta e inteiramente gradual através de mutações imperceptíveis, por isso, de fato, apesar do seu espiritualismo, seres viventes precedentes ao *Homo sapiens sapiens* em parte homens e em partes animais não foram excluídos por ele, diversamente do que se pode deduzir da ideia de dois pesquisadores contemporâneos, que contempla uma evolução procedente por saltos: a chamada teoria dos equilíbrios pontuados; me refiro aos estudiosos Stephen Jay Gould e Niles Eldridge.

A minha opinião

Eu aceito, ainda que provisoriamente e à espera das últimas corroborações, a teoria dos equilíbrios pontuados, não só porque me parece racional e harmoniosa, mas como veremos, não contempla o chamado *fóssil de transição*, meio homem e meio animal. É uma consequência essa última, não científico, mas teológica, e eis um exemplo de como brincamos com os assuntos, *ex ante*, as considerações ontológicas: não só para os crentes, obviamente, mas para todos, qualquer que seja suas posições metafísicas. Por outro lado, não chego a compreender a visão *prática* dos crentes criacionistas, para além da alegoria[23] da Gênesis que apresenta Deus, que

---

[23] Em relação ao símbolo na Escritura, cf. o autor "Il Dio col grembiule, la

acrescenta ao mundo o que ele criou em certa época, isto é, metaforicamente no sexto *dia*, plasma o barro para fazer Adão, vale dizer o primeiro casal e assim o gênero humano. O sentido do sopro divino inspirado no homem e na mulher componentes do primeiro casal humano – o homem criado macho e fêmea na Gênesis[24] – é claro, é o pneuma da vida de Deus e é, ao mesmo tempo a sua inteligência, que para os cristãos são expressões do Logos, isto é, do Filho, Deus e homem, que se tornam homens como ele. No entanto, a parte da narração genesíaca que descreve a formação do corpo humano como plasmações da matéria parece-me inverossímil se tomada ao pé da letra, isto é, além da cosmogonia alegórica bíblica: Deus que desce à Terra ou seja como for, que da sua transcendência modela materialmente e vivifica a matéria bruta? Ou talvez os criacionistas tenham uma ideia diferente, que eu não compreendo? Serei feliz, serenamente pelo amor ao conhecimento, se um criacionista bem informado me explicasse a sua concreta visão. Entretanto, o evolucionismo me parece mais verossímil em relação ao criacionismo, também rejeitando, do ponto de vista metafísico, o autoevolucionismo casual, ainda que por outro o destaque, não da matriz científica, mas ontológica. Contemplo uma evolução desejada e guiada por Deus no chamado *intelligent design*, em outras palavras, projeto inteligente, uma evolução teísta. O evolucionismo me parece compatível com a fé judaica-cristã, desde que se entendam as mutações guiadas por Deus, segundo

---

progressiva Rivelazione di Dio-Amore dall'Antico al Nuovo Testamento", 2007, Pozzuoli (Na).

[24] "Deus criou o homem a sua imagem: a imagem de Deus o criou; masculino e feminino os criaram" Gênesis, 1, 27). Aqui a palavra homem – Adão – é para se entender sem dúvida no sentido de ser humano em geral (*homo* na versão bíblica latina) e não de macho da espécie humana; nem deriva do corolário que é chamado *pecado original*, é o arquétipo de cada pecado de cada homem ou mulher de qualquer tempo (todos, no fundo atribuíveis a um desejo de poder pessoal).

sua lei e desde que a primeira célula (segundo o monofiletismo) ou então as primeiras células (para o polifiletismo) voltadas a formar organismos complexos, entendam-se ainda esses guiados por Deus e não espécies ao acaso. Essa lei divina poderia contemplar também os saltos biológicos que mencionei acima, no qual Adão foi o último portador (isto é, *O homem*) macho e fêmea, filho inteligente de Deus, capaz de pensar em seu Criador e em si, de certo modo, plasmado na matéria: não no barro metafórico, mas na penúltima transição, a matéria de dois genitores ainda animais, diferente de seu filho agora humano. Portanto, nenhum *fóssil de transição* para se unir ao *Homo sapiens sapiens*.

> Um parênteses: É sabido, mas não por todos, que o forte desejo dos darwinistas de encontrar o fóssil de transição tenha favorecido, em 1912, uma grande fraude de dois cientistas desejosos de fama e não da verdade científica. Tratava-se de uma montagem do chamado Homem de Piltdown, um aparente homem-símio criado com a mandíbula de um orangotango e a calota craniana de um aborígene australiano; assim mesmo, imediatamente e por quarenta anos tal suposto descobrimento foi reconhecido nos ambientes científicos como o fóssil de transição, meio homem e meio animal, provando a evolução por mutações lentas e graduais de um pré-homem ainda animal ao *Homo sapiens sapiens*. A fraude foi praticada pelo paleoantropólogo amador e médico britânico Charles Dawson, que tinha se aproveitado da cumplicidade do antropólogo profissional Arthur Smith Woodward. O primeiro tinha declarado que havia encontrado sepultado, junto a materiais pré-históricos, um osso maxilar, uma calota craniana e alguns dentes, em uma escavação próxima a Piltdown. A forma do osso maxilar lembrava a mandíbula de um símio, o fragmento do crânio e os dentes eram de aparência humana. Essas amostras foram entregues por Dawson a Smith Woodward para que ele as conservasse no Bristish Natural History Museum (Museu Britânico de

História Natural) e foram classificadas pelos dois, exatamente como o Homem de Piltdown; eles tinham afirmado que aquelas amostras eram antigas, com meio milhão de anos. Famosos paleontropólogos como o estadunidense Henry Fairfield Osborn, em visita ao Museu Britânico de História Natural, em 1935, tinham dito tratar-se de um estupefaciente descobrimento relativo aos primeiros homens. Enquanto isso, sobre o assunto, foram escritos inúmeros artigos científicos e centenas de discussões de teses de graduação. Finalmente, em 1949, o Dr. Kenneth Oakley do departamento de paleontologia do Museu Britânico tentou um experimento com as amostras do Homem de Piltdown, através da aplicação do novo método de teste de flúor, com vista a determinar a data dos fósseis, ele havia descoberto que o osso maxilar não apresentava nenhum traço de flúor, como deveria ter, se tivesse sido enterrado há quinhentos mil anos e não por um curto período. Quanto à coroa, ela tinha sim flúor, mas em pequenas quantidades, o que significou um enterro de apenas algumas centenas de anos. Pesquisas posteriores determinaram que os dentes tinham pertencido a um orangotango e tinha sido artificialmente manipulados para torná-los suficientemente diferentes e que as ferramentas primitivas que teriam sido encontradas junto às amostras fósseis eram meras imitações, produtos com utensílios modernos de ferro. Em 1953, Joseph Weiner e outros especialistas também do Museu Britânico de História Natural tornaram a fraude pública, indicando que o crânio pertencia a um homem aborígene australiano que tinha vivido há apenas 500 anos, que o osso maxilar era de um orangotango morto recentemente e que seus dentes foram artisticamente dispostos na mandíbula para se parecerem com os dentes dos seres humanos. Todos esses objetos foram então tratados com cromo para dar-lhes uma aparência antiga.

Como escrevi em um ensaio precedente[25], "*o*

---
[25] È Uomo, cit., capítulo II, IL CERVELLO, LA MENTE, L'ANIMA DI FRONTE ALLA SCIENZA, parágrafo *Su Cristianesimo ed evoluzione*.

evolucionismo cristão rejeitava e rejeita o chamado "fóssil de transição", que os darwinistas pesquisavam, um tipo de besta-homem colocado entre o animal e o ser humano; os pais terrenos de "Adão" são totalmente animais, não semi-homem e semi-besta. Se se encontrassem os fósseis da espécie chamados "fósseis de transição", isso corroboraria com a teoria ateia darwinista, mas o cristão acredita que esses fósseis não são encontrados porque não existem: é na Revelação que a criação da matéria do Homem-Adão, ou seja, a espécie humana, "a imagem e semelhança" de Deus, constitui um salto vertical na Criação, do qual é a realização. Somente pelo aparente paradoxo, portanto, precisamente o fracasso em encontrar o fóssil de transição corrobora com a ideia evolucionista cristã (contra a darwinista). Segundo os católicos evolucionistas, Deus, simplesmente, em uma passagem de geração, com um salto vertical de alta evolução no momento certo, infunde a alma-mente aos filhos dos pré-hominídeos que ainda eram bestiais, criando assim, nessa nova geração, a espécie humana de Adão. Aceitando esses fatos, para os crentes era e é legítimo aderir à teoria evolucionista. Isso não impede que ainda hoje existam católicos que na liberdade, permaneçam criacionistas assim como muitos protestantes, porque a maioria da população da Igreja contempla o evolucionismo, ainda porque a ideia de uma lei de evolução dita por Deus parece harmoniosa e é coerente com a alegoria da plasmação do barro das mãos de Deus (as quais para os escritores eclesiásticos antigos são metáforas do Filho e do Espírito Santo) até transformá-lo no Homem-Adão, fazendo-o a sua imagem e semelhança (Gênesis 1, 28-29)".

Percebo objeções, a propósito da ideia dos primeiros seres humanos filhos dos casais de animais, que por causa da bestialidade de seus pais, seria impossível os cuidados paternos à fim de não impedir o crescimento intelectual dos machos e fêmeas *adâmicos*. Não me parece uma observação aceitável: os cuidados das mães animais com seus filhos humanos não deviam considerar só o simples aleitamento, mas também a sua proteção contra os predadores, às vezes com a cooperação do genitor macho, nos moldes do que ocorre ainda hoje com os filhotes de mamíferos mais evoluídos, e não só a sua formação cultural, como teria acontecido nas primeiras famílias de humanos pré-históricos reduzindo assim o tempo necessário de crescimento cultural dos pequeninos; os primeiros *adãos*, depois do tempo de aleitamento deveriam primeiro aprender a imitar os pais, para conseguir comida para si mesmos, e neste momento os cuidado dos pais terminavam; mas a nova criatura adâmica, com mente humana maravilhosa, não podia aperfeiçoar, posteriormente, sozinhos, a experiência, os ensinamentos rudimentares recebidos. Além disso, mesmo o homem moderno, graças à sua prodigiosa psique (isto é, psyché no original grego do Antigo Testamento, alma na tradução para o latim e para o italiano) não melhora apenas e para toda a vida dos pais e, em seguida na escola, mas com uma grande quantidade de experiências pessoais, ele adquire sua consciência através das sinapses de seu cérebro; e esta ocorre, pelo menos, a partir da idade de três anos.

Sim, mas todas essas maravilhas ocorrem por acaso como muitas pessoas acreditam? E além disso: o que é o acaso? Antes de começar é uma crença (fé); a veremos melhor no capítulo 5, justamente no parágrafo intitulado, *Sobre o acaso como um ato de fé*; enquanto isso, no capítulo seguinte veremos as acusações a Deus, que podem nos levar a ter fé no total acaso.

> O ensaio é dirigido a todos, e certamente não pretende mudar o pensamento existencial de ninguém, então minhas breves observações no capítulo 3 sobre as acusações dos ateus a Deus não têm caráter, por assim dizer, catequizador

– por acaso, o catecismo é dirigido aos crentes que querem se aprofundar –, mas queria incentivar o leitor não próximo da teologia, a uma compreensão suficiente do sentimento dos crentes. O fato é que, como eu tinha dito na minha breve introdução, quando o assunto diz respeito à posição do ser humano no mundo, não se pode alcançar a objetividade completa, apesar das melhores intenções.

3
Resumo das acusações dos ateus a Deus

Os cientistas ateus afirmam que a espécie humana, como também todas as outras, é fruto do acaso e não de um projeto inteligente divino e que a consciência do homem é também um mero produto da evolução dos organismos.

> Entre outros cientistas ateus pode-se citar como exemplo, pelo radicalismo de sua escolha, o biólogo e Prêmio Nobel de medicina Jacques Monod (1910-1976), que a divulgara no célebre ensaio "Il caso e la necessità" [O acaso e a necessidade] (trad. Anna Busi, Milano, 1970, e em 2001, uma edição econômica pelo mesmo editor), deixando muitos leitores entusiasmados em todo o mundo; sem dúvida, para Monod, o fundamento da evolução era o puro acaso com total liberdade, e o homem não teria sido mais do que um número saído da extração casual de uma urna contendo bilhões e bilhões de outros números: não consigo entender o motivo de tanto entusiasmo entre o público.

Ao conceito de evolucionismo autônomo desconectado metafisicamente de um fator transcendente, isto é, o chamado autoevolucionismo, junta-se a questão da inexistência de um Deus pessoal, que teve origem nas mesmas considerações dos ateus do passado:

Afirma-se que o mundo não precisou de um Criador para existir, mas sempre existiu; e após a conjectura do Big Bang, foi introduzido o conceito de um contínuo alternar-se no decorrer de bilhões de anos, da expansão do Big Bang e da contração do Big Crunch (O Grande Colapso) do universo-tempo, os segundos, segundo os cientistas não religiosos, não anulando completamente o existente, mas somente minimizando-o até o ponto de torná-lo imperceptível - se vê ainda, em relação à alternância do Big Bang e Big Crunch, no capítulo 5 *Discussões às vezes inúteis*, logo no início -; tal pensamento frequentemente se acompanha não de um ateísmo radical, mas de um pensamento panteísta, e em tais casos estamos no campo da fé religiosa mesmo que nem sempre, talvez, os crédulos em um deus-universo alertem sobre ter uma crença. Os ateus dizem que o Deus pessoal é uma figura historicamente inventada e colocada no coração do homem com o objetivo consolador: a fé em Deus seria um tipo de analgésico contra o terror da morte e a dificuldade de viver, assumindo os seres humanos a necessidade de consolação e tendo por isso, segundo os ateus, pouca dignidade.

> Entre muitos outros, Marx e Engels, com suas ideias da religião como ópio dos povos, sendo o ópio no tempo deles usado na medicina como analgésico, uma ideia não original, mas comum no século XIX junto aos cientistas.

Para outros, contrários à existência de Deus, até mesmo a fé nele seria historicamente incutida no povo pela autoridade religiosa, em interesse próprio.

A acusação de que os seres humanos teriam inventado acerca de um Deus consolador não foi provada, exatamente como não foi demonstrada a existência de Deus; trata-se nos dois casos de pura fé. No entanto, quanto à segunda acusação, pode-se observar que contém alguma coisa de verdadeiro, isto é, que certos líderes espirituais, como antigamente aconteceu com certos sacerdotes do templo de Jerusalém e pontífices de cultos pagãos, tinham seguramente se aproveitado da fé popular em função do poder e da prosperidade pessoal; ainda assim, permanece o fato de que seguramente, nenhum deles tinha inventado a existência de Deus para subir ao poder: esta já existia nos corações.

Foram muitas as acusações a certos líderes da Igreja, seguramente culpados de simonia ou de outros pecados. No ambiente pagão podemos recordar a título de exemplo, as censuras dos contemporâneos ao pontífice máximo Júlio César, de se aproveitar da religião não somente tendo vergonhosamente comprado o próprio cargo de *pontifex maximus* (pontífice máximo), mas admitindo uma vez eleito, mediante pagamento, evidentemente para ter vantagem, a prática da fornicação em lugar sagrado, de virgens vestais com senadores lascivos, mas também no mesmo local, incestos e sacrifícios obscenos por parte de certos amigos depravados. No hebraísmo antigo podemos recordar as acusações ao sumo sacerdote Josué (não confundir com o líder sucessor de Moisés, sete séculos antes), que se encontram de maneira fabulosa, como a acusação de Satã diante do tribunal celeste de Deus, no livro bíblico do profeta Zacarias: uma visão que reproduz alegoricamente a acusação concreta direcionada pela população hebraica àquele sumo sacerdote diante do tribunal; eis o texto: *"O Senhor mostrou-me o sumo sacerdote Josué, de pé diante do anjo do Senhor; Satã estava à sua direita como acusador. O anjo do Senhor disse a Satã: — O Senhor te confunda, Satã! Confunda-te o Senhor, que escolheu Jerusalém! Não é porventura um tição escapado ao incêndio? Josué, vestido de roupas sujas, estava de pé diante do anjo do Senhor. O Senhor falou àqueles que estavam à volta dele, dizendo: — Tirai-lhe essas roupas sujas. Depois disse a Josué: — Eis que tirei de ti a tua imundície e te revesti de roupa de festa. E acrescentou: — Tirai-lhe essas roupas sujas. Eles puseram em sua cabeça uma tiara limpa e fizeram-no mudar de vestes na presença do anjo do Senhor. Em seguida, o anjo do Senhor declarou a Josué: — Eis que assim fala o Senhor dos exércitos: — Se andares nos meus caminhos, e fores fiel no meu serviço, governarás a minha casa, guardarás os meus átrios, e dar-te-ei lugar entre estes que estão aqui diante de mim.* (Zacarias 3:1-7): no Antigo Testamento, Satã, no original escrito com o artigo, isto é, O Acusador, não é o diabo do Cristianismo, mas uma espécie de ministério público de Deus diante do tribunal divino que acusa os homens de culpa, para que o Senhor lhes julgue, assim como fazia os inspetores reais do Império Persa em frente a seu rei, um Império sob o qual Israel se encontrava desde o século VI a.C. A propósito das acusações no ambiente hebraico, e que acusações! Podemos ler também nos Evangelhos canônicos, os rudes denunciarem Jesus aos chefes do templo e do sinédrio, e aos escribas que circundavam ao redor deles, que o Nazareno acusava todos, sem meios-termos, de valerem-se da Lei – o Pentateuco bíblico – somente para o seu poder pessoal. Jesus não lançava acusações aos habitantes romanos: não porque não desaprovasse a violência, mas porque a violência recairia em seguida sob a população judaica, de forma sanguinolenta: é celebérrima a sua asserção de dar a César aquilo que é de César e a Deus aquilo que é de Deus, ainda que confundindo o sentido, entendendo de forma errada que Jesus convidasse a não se ocupar com política, ao contrário do que, por senso de justiça, os mesmos faziam através do poder interno hebraico. Certo é que a sua finalidade principal, era ao invés, a salvação espiritual do povo.

Porém, os ateus acrescentam à acusação a afirmação de que Deus, perfeito em bondade e poder, por definição, não pode existir, dado que no mundo existe o mal: segundo eles, um Deus que não o impede não seria onipotente, isto é, não seria Deus, ou se fosse onipotente e permitisse o mal, seria ele mesmo maligno e igualmente, não seria Deus.

> Pode-se notar curiosamente que o último pensamento se encaixa na teologia invertida de Sade, autor do século XX que foi muito apreciado pelo seu *conhecimento*: uma teologia diabólica baseada no conceito de Natureza violenta e autoritária, um tipo de divindade maligna panteísta, e sobre ela a virtude como alguma coisa de artificial e até mesmo reprovável porque, sempre segundo Sade, contraria a natureza: exatamente ao contrário do cristianismo que prega a sublimação da pessoa para aproximar-se da pureza

humana de Jesus Cristo relatada nos Evangelhos, isto é, os esforços do homem para forçar o próprio lado natural-animal violento e egocêntrico (poderíamos de certa maneira dizer *demoníaco*) e elevar a própria alma-mente à mansidão caridosa de Deus.

Trata-se de lhes responder considerando o mal causado pelo homem – pecado – ou o mal causado pela natureza.

Examinando antes de tudo o primeiro, observamos que aqueles críticos não conheciam a clássica fé existencial cristã, na qual o homem não é um fantoche na mão de Deus, mas foi por ele criado livre, isto é, capaz de escolher o bem e o mal em relação aos outros.

Não para os cristãos seguidores de Lutero e de Calvino, segundo os quais não há liberdade de escolha e o essencial para a Salvação é somente a fé: "Crê e será salvo". Pode ser interessante observar que o pai do positivismo francês Auguste Comte (1798 -1857), que pregava uma religião laica para a humanidade, em sua crítica à religião teológica tinha presente não tanto a Igreja, e em geral o Cristianismo baseado na liberdade do homem, e por conseguinte, sobre os valores das suas boas escolhas pessoais, mas em primeiro lugar aquele calvinista e predestinacionista francês, para o qual havia recompensa sobre a fé no desejo de salvação eterna e no medo de não ter sido predestinado por Deus.

Prescindindo da reforma predestinacionista luterana e calvinista do século XVI e ficando para o Cristianismo clássico, ao qual o Concílio Vaticano II procurou levar à Igreja, a fé existencial cristã, já pregada no século I pelos apóstolos, narra que o mal feito ao homem por outro homem não é impedido pelo próprio Deus para não tirar a liberdade que o Criador concedeu por amor a cada ser humano, enquanto a liberdade é objetivamente um bem, assim é a condição para qualquer outro bem oriundo do ser humano, enquanto a escravidão, ainda que disfarçada, é um mal.

> Isso poderia escandalizar alguém? Talvez, porque sei quem preferiria viver em um mundo sem dor e cheio de prazeres ao custo de ser fantoche manobrado por Deus; porém, nem por isso a liberdade para de ser um bem objetivo, sendo essa indispensável à dignidade humana: aquela dignidade que, justamente, têm aqueles que, por incoerência negam o próprio Deus por causa da existência do pecado no mundo.

O amor ativo para aqueles que o encontra vem antes de tudo, segundo a doutrina da Igreja, a caridade precede em importância à própria fé, tanto é verdade que segundo a proclamação *Lumen Gentium* do Concílio do Vaticano II, todos os homens de caridade se salvam ainda que ateus; porém, a tal caridade não é egoisticamente instrumental em si, chamada Salvação eterna, porque senão seria amor calculado, ainda que contemple a vida eterna como consequência natural de amar.

Em segundo lugar, relativamente aos diversos males que afligem o homem, aquele não causado por outra pessoa, mas pela natureza, como doenças e terremotos, os negadores de Deus chegam à mesma conclusão, de que Deus não é a figura perfeita de que fala a fé judaico-cristã e, portanto, não é existente; esses contemplam a evolução física do universo e sabem-na necessária àquela biológica, não percebem que o nascer da vida sobre a Terra e o seu existir até que se junta ao vértice humano vindo de um cosmo não espiritual e imutável, material e sujeito ao tempo, com todas as limitações, isto é, da matéria e do porvir, assim como é o planeta Terra que, na evolução física, foi constituído de maneira tal que das bactérias – primeira forma de vida, segundo a teoria evolutiva – surgiu a própria vida, e o seu prosperar até o ápice do *Homo sapiens sapiens*; e exatamente dessa mesma estrutura do nosso mundo deriva o chamado mal da natureza contra os seres humanos, isto é, os fenômenos às vezes danosos ao homem, inseparavelmente coligados à conformação do nosso planeta, como os terremotos citados, os tsunamis, as erupções vulcânicas e também a mesma força da gravidade pela qual, por exemplo, uma rocha pode se precipitar sobre uma pessoa matando-a. Certamente em um mundo morto como a Lua não há tsunamis e outros acidentes naturais semelhantes, mas nem mesmo há o manifestar-se da vida. A imagem que aqueles críticos têm de uma criação divina perfeita parece irreal, o Deus que imaginam é fruto da fantasia deles, não é o Criador que encontramos na Revelação; a ideia deles de mundo perfeito é aquela de uma plenitude espiritual incorruptível povoado de criaturas angelicais, não material e transeunte como o nosso universo que hospeda homens e não anjos, e não há nada a fazer com o Deus da religião judaica e com o Deus uno e trino do credo cristão, fé em que tal mundo espiritual perfeito, isto é, o próprio Deus, anunciando para depois da morte da pessoa, a sua própria transformação em um ser *glorioso espiritual* como recita o Novo Testamento na primeira carta de São Paulo aos Coríntios.[26]

---

[26] No tempo de Jesus, diversamente, o hebraísmo farisaico imaginava não uma ressurreição transcendental, mas material no fim dos tempos, *sob novos céus e sobre uma nova terra* – como também lemos, alegoricamente, no Apocalipse judaico-cristão – isso é um belo renascer, são e incorruptível em um novo e ótimo mundo físico.

4
Filosofia, ideologia e pesquisa científica

Se, como foi dito, a crença na existência de um mundo objetivo é o ponto de partida da pesquisa científica, existe também uma outra base, que incide imediatamente sobre o ato fundamental da fé, ou seja, o acolhimento de uma epistemologia, ou pessoal ou alheia, como a difundida filosofia da ciência de Karl Raimund Popper (1902-1994), com a ideia da provisoriedade e falseabilidade de um dado científico. Porém, a filosofia não entra em cena somente como epistemologia, encontra-se também, como de costume, na mente do cientista, reflexões metafísicas, e os seus raciocínios ontológicas podem levá-lo à crença em um Ser pessoal transcendente, ou diversamente, como já visto, a excluir a existência ou a crer em um cosmo panteísta, isto é, imanente e experimentável, vivificado por um espírito não individual em si, mas somente intuitivo graças à compreensíveis leis lógicas do universo que emanariam daquele mesmo espírito cósmico, entre elas os evolutivas universal e biológica: esta poderia ser a posição de Alfred Russel Wallace. Por outro lado, também a base da escolha pelo casualismo pode ser uma filosofia, por exemplo, o positivismo de Charles Darwin e para certos cientistas e matemáticos do século XX, o pensamento niilista ateu de Jean-Paul Sartre. É notado todavia, que em certos casos a base da opção ateia de um estudioso pode não ser uma profunda reflexão, mas frequentemente instinto: as causas podem ser experiências ou contatos negativos no ambiente religioso, por exemplo uma educação muito rígida em colégios clericais, histórias de perseguição, talvez, no fundo da memória, mas também fontes de impulsos hostis ao mundo eclesiástico; ou a motivação pode vir de um anticlericalismo inflamado pelo conhecimento de certos erros graves ou até mesmo crimes históricos de membros das hierarquias religiosas, como aqueles realizados entre os colégios julgadores da inquisição e os tribunais religiosos das várias correntes protestantes erguidas paralelamente aos primeiros e com equivalente intensidade, coisas que levam os menos providos em matéria, ainda se dotados em outros campos, a considerar que o Criador não seria amoroso permitindo tais abominações, mas seria indiferente, induzindo-os a acreditar na existência somente do universo conhecido e não em Deus – veja em linhas gerais o capítulo anterior –: semelhantes opções podem ser ditas ideológicas.

> Entre outros equívocos sobre o Cristianismo é bastante difusa a ideia de que na essência são fundamentais as escolhas do bem e os atos bons que dele derivam e que os pecados dos cristãos, sobretudo os de vértices eclesiásticas enfraquecem os fundamento teológicos. Não, o Cristianismo não esteve ligado ou até mesmo destruído pelos pecados porque se fundamenta exclusivamente sobre um fato, o da ressurreição de Jesus Cristo, testemunhado e pregado pelos apóstolos e discípulos como fato histórico: se Cristo não tivesse de fato ressuscitado, demonstrando ser Deus e não somente homem, ainda que se a Igreja fosse toda composta no decorrer de dois milênios por mitos santos, a fé nele seria totalmente vã, como já escrevia São Paulo na 1ª carta aos Coríntios (15,17), na metade do século I, pouco mais de vinte anos depois da crucificação por antonomásia; em outras palavras, segundo a fé, Cristo ressuscitado da morte no ano 30 do século I tinha salvado o ser humano de cada época independentemente das indecências e das trágicas asneiras de certos crentes. Isso não significa obviamente que tais acontecimentos não se tornaram um verdadeiro escândalo.

Os cientistas crentes em Deus, baseando-se em raciocínios metafísicos e eventualmente na Revelação, aceitam a ideia do Ser pessoal e individuam o valor inato do ser humano em seu ser pretendido e o criado por Deus por amor, sem que com isso seja diminuído o sucessivo mérito existencial da pessoa. Contudo, existem aqueles que não se declaram nem ateus nem crentes, nem mesmo agnósticos, aliás, hoje em dia no mundo ocidental ou ocidentalizado é assim para a maioria da população, por isso, tantas vezes, mais do que agnosticismo verdadeiro e sincero trata-se de mera indiferença prazerosa e ignorante em frente às grandes perguntas existenciais; são todavia, pessoas cultas que fazem escolhas ponderadas pelo agnosticismo e tais escolhas atingem o percentual mais alto entre os cientistas, enquanto a minoria, ainda que significativa, se declara crente ou ateia; e assim ao menos resulta duas pesquisas estatísticas, não tão recentes, uma mais notada também pela difusão na Web, desenvolvida entre os próprios membros da Academia de Ciências estadunidense, a outra realizada na Itália pelo sociólogo Franco Garelli e publicada na obra de vários autores "Valori, scienza e trascendenza" editada pela Fondazione Agnelli, em 1989. Passados mais de vinte anos, a situação poderia ter sido mudada. Talvez com o aumento dos agnósticos? Ou dos ateus? Não dos crentes, imagino, se se relaciona o universo científico àquele de toda a sociedade.

5
Discussões às vezes inúteis

Quando surgem discussões sobre teorias científicas, antes de se envolver é bom verificar que essas não versem sobre filosofia ou teologia, mas sobre dados experimentais. Evita-se assim contribuir para a confusão entre ciência e não ciência como frequentemente ocorre entre evolucionistas e criacionistas e, no âmbito dos primeiros, entre aqueles ateus casualistas e aqueles que acreditam em um projeto divino.

No que diz respeito à evolução cósmica nos primórdios do universo segundo a teoria do Big Bang, inútil seria discutir a causa: a astrofísica quer somente compreender como essa grande e contínua explosão-expansão ocorreu, não busca entender porque existe o cosmo em vez do nada. Não que os astrofísicos não tenham ideias próprias a esse respeito, assim como tínhamos visto, isso é normal, mas sempre entendendo que não se trata de conjecturas científicas, mas de posições ontológicas próprias; assim o cosmólogo crente pensa por si na Criação do universo, em um inicial Big Bang de origem divina; assim o ateu pode imaginar um cosmo que sempre existiu em uma rotação entre sucessivos Big Bangs e Big Crunches, com outras tantas expansões do nada, ou de um quid infinitésimo incompreensível experimentalmente, e correspondentes contrações levando o universo àquele infinitésimo quid que foge da experiência, ou ao nada; diversamente, em certos ambientes astronômicos espiritualistas, mas não religiosos pode-se supor que um espírito universal anime os sucessivos Big Bangs, aquele espírito cósmico do qual já havíamos falado e que, todavia, assim como o Criador pessoal, nunca foi demonstrado por via experimental porque seria simplesmente impossível. Inútil, por outro lado, seria discutir sobre a principal causa da evolução biológica, dado que também aqui são fundamentais para a escolha dos argumentos metafísicos de cada naturalista, onde, também em tal campo, os não ateus casualistas são unânimes, outros acreditam em Deus, outros ainda conjecturando a existência de um espírito universal: parece que esses últimos detém a hipótese panteísta mais racional, a do Deus pessoal criador e ordenador do mundo-tempo, mas eu não entendo o porquê, visto que as duas ideias são semelhantes, as duas sem provas científicas e fundamentadas em mero raciocínio redundante, enfim, em uma ou em outra fé. Por outro lado, e já tinha me referido brevemente, a escolha casualista também não faz parte da ciência e se resolve simplesmente com a fé.

> Um parênteses: A ideia darwinista das mutações casuais é ensinada na educação básica e no ensino médio nas aulas de ciências, como parte da teoria da evolução; mas a hipótese de que seja o acaso a produzir tais mutações deveria ser ensinada na aula de filosofia, não havendo nada de científico-experimental como veremos adiante; e assim também, no caso, o estudo do *intelligent design* se quisesse inserir em seus programas isso não deveria acontecer na aula de ciências, mas nas de filosofia e de religião; e o confronto em campo metafísico poderia se revelar profícuo para dissipar a confusão entre ciência experimental e a hipótese metafísica.

Sobre o acaso como um ato de fé

Acaso é uma palavra que rotula nossa ignorância das causas cada vez que essas não são identificáveis e por isso não verificáveis porque são extremamente complexas. Prescindindo da teoria dos jogos que se baseia na abstrata probabilidade lógica e sem comparações físicas, dizer que qualquer coisa de concreto acontece por acaso é como admitir que se ignoram as causas do fenômeno; se de fato, por exemplo, a resposta teórica de um valor a um certo dado tem matematicamente 1/6 de probabilidade, na realidade, o resultado de um único lançamento empírico depende de inumeráveis fatores, como a força e outras características do braço e da mão que lança, da elasticidade do plano sobre o qual o dado é lançado, a composição material, de osso, de madeira ou plástico, do dado, de ser fabricado de modo mais ou menos perfeito, as condições atmosféricas e assim por diante; se todos esses fatores fossem conhecidos poder-se ia prever antecipadamente o resultado; vice-versa, pois quando não é possível revelar aquele conteúdo muito complexo do porquê, se fala de acaso, quando se deveria falar da ignorância das causas.

> Esse exemplo, geralmente observado, foi idealizado pelo professor Enrico Medi (1911-1974), grande físico, crente, autor da primeira teoria mundial sobre
> nêutrons e das primeiras experiências sobre o radar, além de realizar estudos sobre as fases ionizantes da alta atmosfera, estudos que seriam sido validados alguns anos depois, pelo físico estadunidense James Van Allen (1914-2006), descobridor dos cinturões radioativos ao redor da Terra, as quais foram chamadas de Van Allen.

Nota-se que as mutações que contemplam a teoria da evolução derivam de um número bem maior de causas físicas desconhecidas sobre aquelas que intervém no simples lançamento de um dado e por isso, com maior razão falar de casualidade das mutações é muito cômodo, mas não é científico. A causa da evolução não foi até hoje determinada cientificamente, isto é, experimentalmente, assim como para Deus-Causa Primária, em quem se pode acreditar pela fé, ou não, e por isso indicar o acaso como causa da evolução é simplesmente uma forma de se expressar, analogamente, um ato de fé.

Sobre a hipótese metafísica e sua corroboração ou falsificação experimental

Por outro lado, visto que nem mesmo uma hipótese metafísica pode ser contraditória em relação aos dados da experiência, seja o crente evolucionista seja criacionista, não só não devemos rejeitar, mas devemos considerar até uma eventual prova contrária sucessiva, os resultados do experimento os quais, aos poucos, corroboram uma conjectura, ou a um certo ponto a falsificam, fornecendo a prova contrária.

> Alguns exemplos: A teoria geocêntrica de Ptolomeu era científica, uma vez que se baseia em experiências e por isso potencialmente falsificável por novos e diversos experimentos, mesmo se em um certo momento, fosse descoberta, com novos dados, essa seria rejeitada e inutilizada do ponto de vista filosófico aristotélico sobre o universo; e hoje seria estranho confiando se simplesmente nos falaciosos sentidos que percebessem o Sol girar em torno da Terra, compreender segundo a visão aristotélica-ptolomaica o nosso mundo central aos outros planetas e às estrelas, contra a demonstração lógico-matemática contrária de Newton e a evidência empírica sobre a rotação terrestre apresentada em Paris em 1851, com o experimento do pêndulo de Foucault, uma verificação que, obviamente, implicava uma mudança em nosso globo. Do mesmo modo, no campo naturalístico a ideia de Lineu, de que as espécies fossem imutáveis desde o início dos tempos, assim como também era considerada na Igreja, pelas mesmas razões, científica, digo científica, não sem outra verdade, no seu tempo ele não conhecia os fósseis e os considerava como curiosas formações naturais; hoje em dia ao contrário, os desenvolvimentos e os estudos sobre fósseis e sobre os estratos do terreno em que são encontrados, que permitem estabelecer já por alto a idade, unicamente pelos precisos

métodos radiométricos de datação, são tais e tantos que até para muitos membros da direção e em geral da inteligência da Igreja, entre eles, como melhor veremos no capítulo 8, intitulado *Pareceres de alguns dos últimos Papas*, o falecido pontífice João Paulo II, não se trata mais de uma mera hipótese, mas de uma teoria científica, não somente sendo suficientemente corroborada com os descobrimentos, mas podendo-se nela encontrar indícios da mutação de bactérias, a defesa da ação de um determinado antibiótico, pela qual a farmacologia deve se industrializar rapidamente, para criar novos antibióticos em defesa do homem: simples indício, esteja claro, não prova, enquanto as mutações não têm levado até hoje a novas espécies daquelas bactérias.

Sobre debates pseudocientíficos à respeito da evolução

Prescindimos, por enquanto, da área do criacionista crédulo: falaremos no capítulo seguinte, dedicado inteiramente a ela.

No campo do evolucionismo assistíamos a debates desencaminhados e desencaminhantes, estranhos à ciência, entre ateus que não acreditavam em um Criador, e aqueles crentes que entendiam Deus como Criador e Evolutor: os cientistas evolucionistas mais atentos também notaram. Entre esses encontramos Carlo Soave, laico e professor de Fisiologia Vegetal na Università degli Studi di Milano, e Fiorenzo Facchini, sacerdote católico e professor de Antropologia e Paleontologia na Universidade de Bologna. Esses em um encontro público[27] tinham afirmado entre outras coisas o seguinte:

---

[27] No encontro "Evoluzionismo, teoria o ideologia?", de 22 de novembro de 2005, no CMC - Centro Culturale di Milano, Via Zebedia, 2, 20123, Milano, para o ciclo de encontros Ciência e Modernidade, com as participações de Soave Carlo, professor de Fisiologia Vegetal na Università degli Studi di Milano, Facchini Fiorenzo, professor de Antropologia e Paleontologia na Università di Bologna, apresentação de Gargantini Mario, jornalista científico.

O professor Facchini observou que existe "*uma notável agressividade por parte de quem afirma o darwinismo como teoria genuinamente científica, evitando dizer que é um componente ideológico-filosófico que está sujeito a esse discurso científico*"; e de outro lado "*é verdade que a ciência é um método experimental, mas é possível, observando e recolhendo os dados experimentais sem uma hipótese interpretativa, entenderam?* – Não finjo hipóteses, *dizia Newton. [...] O surgimento do homem pode ser determinado empiricamente, tem também quem diga que o homem seja somente o Homo sapiens porque é dotado de capacidade abstrativa, mas eu o individualizo em mais antigo ou mais recente em relação a uma escala científica, estão todos de acordo de que* [o aparecimento] *tenha acontecido: não acredito que a criação pertença ao irracional, porque se tudo aquilo que não é explicável pertence à esfera do irracional, então a maior parte do que compõe a sociedade é irracional. Não é verdade que não se possa falar da criação porque seria filosófico, agora a filosofia é irracional? Não é assim, usando os termos corretos deveríamos simplesmente dizer que a filosofia não é experimental, porque se tudo que não é explicável pertence a esfera do irracional, agora a maior parte do que compõe a sociedade é irracional*".

Em suma, se é verdade que a ideia da criação divina não faz parte do campo da ciência, no entanto essa não é de todo contrária à ciência. Uma vez que as teorias evolucionistas ateias colocam a natureza como alternativa ao Deus criador, podemos nos perguntar se a própria natureza seja suficiente para conduzir à evolução (autoevolucionismo) e antes então, explicar a origem.

O professor Soave respondeu: "*A mim, parece que as duas coisas não estão sobre o mesmo plano: a evolução busca explicar como funciona o existente, mas não explica o existente. [...] Pergunta: "Por que existe o existente?"; aquilo que eu posso procurar entender é a lógica que faz modificar esses viventes, mas não consigo explicar o porquê deles existirem. Eu entendo que o ponto de contemplação do mistério do existente é muito tentador e é difícil sustentar uma pergunta do gênero todos os dias, agora eu procuro explicar por meio da ciência, mas no fundo o que explico? Nada, eu posso somente intuir o que ocorre em seu interior: tudo o que se pode fazer é tentar entender como funciona o existente, mas não se pode colocar a questão no mesmo plano".*

Declarou o professor Facchini: *"A evolução é um conceito que pertence à observação empírica, ao mundo da ciência, o conceito da criação ao invés, é um conceito filosófico. Dito isso, é, porém, verdade que aquilo existe se desenvolve e em seguida a evolução supõe a criação (o próprio João Paulo II, em 1985 em um simpósio sobre Fé e Evolução revelava esse conceito) e a criação se coloca sob a luz da evolução como um porvir que se estende no tempo. Mas como podemos imaginar essa relação em uma realidade que muda no tempo? Devemos vê-lo como uma relação constante: a relação de Deus com a criação é uma relação constante. Certo que nas questões do homem existe, talvez ainda mais, mas que acaba em um ponto que João Paulo II tinha muitas vezes observado no início das teorias da evolução, quer dizer que no caso do homem existe um salto ontológico. À luz ainda daquilo que expus anteriormente, verei tais saltos na descontinuidade [...] do ponto de vista filosófico sinto dizer que a natureza dessa descontinuidade é expressa por um princípio espiritual que não está nas potencialidades da matéria mas é o desejo do Deus criador. Para se entender: a alma está inclusa nos genes dos genitores, mas existe uma outra vontade que exige do indivíduo naquela determinada situação, com um corpo e com a alma".*

No citado encontro, tanto Carlo Soave como Fiorenzo Facchini afirmaram, além disso, em pleno acordo, que o darwinismo é sim uma teoria científica, mas não está provado que essa esteja correta, por outro lado muitíssimas outras teorias científicas, que, da mesma maneira que o evolucionismo darwiniano, sofrem variações no tempo e as quais nas últimas atualizações levam a modificações muito significativas.

Sobre alguns cientistas crentes e cientistas ateus: resumo

O físico subnuclear católico Antonio Zichichi[28] escreveu em seu livro divulgativo: *"Nascida de um ato de Fé na Criação, a Ciência nunca traiu o Seu Pai. Essa descobriu – no Imanente – novas leis, novos fenômenos, regularidades inesperadas, sem, porém, nunca comprometer, ainda que uma mínima parte, o Transcendente".*
Tenhamos em mente que muitas partes da Revelação judaico-cristã são alegorias, começando pelo livro da Gênesis, onde a fé religiosa não pode sucumbir pelo confronto entre aqueles versículos, como o celebérrimo "O Sol parou" no livro de Josué (10,12-14), e os resultados da ciência, seja lá quais fossem, temiam certos os membros da hierarquia eclesiástica do passado. Nota-se que eram todos crentes, os heliocentristas Copérnico, Klepero, Galileu, e Newton e que, em particular, Galileu permaneceu, até o fim da vida, um convicto católico praticante, do homem inteligente que era, que sabia distinguir entre fé em Cristo e certos arguidores eclesiásticos, não obstante a injusta condenação a prisões domiciliares na sua casa em Arcetri com proibição de ensinar; e todos aqueles cientistas admiravam e estudavam o universo entendendo-o, com fé, como maravilhosa obra divina, sem que por isso tivessem menos rigor em suas pesquisas; não por nada, retornando a Galileu, ele tinha repetido diante dos seus inquisidores quanto já tinha ficado, em essência, no

---

[28] "Perché io credo in Colui che ha fatto il mondo", Milano, 1999.

pensamento de Santo Agostinho que, a propósito de certas afirmações bíblicas, tinha escrito: *"O Senhor queria fazer dos cristãos, não dos cientistas"* transportando a afirmação de Galileu em linguagem contemporânea, o cientista tinha dito: *"O Espírito Santo nos disse como se vai ao Céu, e não como é o céu"*; na carta, literalmente na linguagem de seu tempo: *"A intenção do Espírito Santo é de nos ensinar como se chega ao céu, e não ir ao céu"*. O mesmo se pode dizer para outros cientistas crentes da idade moderna: entre os mais notáveis, o matemático e físico Blaise Pascal, o biólogo Gregor Johann Mendel, o físico e matemático James Clerk Maxwell, o químico e biólogo Louis Pasteur; e citando somente alguns dos cientistas crentes, nossos vizinhos no tempo; e italianos, o físico Enrico Medi e o físico subnuclear Antonino Zichich: ambos resistiram corajosamente às críticas recebidas pelos ateus, não obstante os seus méritos científicos, somente por causa de fé no Trascendente. Não somente na Itália, mas em todo o mundo científico os crentes receberam ataques; tinha citado em um ensaio anterior[29] o caso do biólogo e neurologista John Eccles, escrevendo entre outros: *"A propósito de tais acusações, Eccles escrevia que essas derivavam da ignorância e preconceito e, como tinha podido verificar, talvez ainda má-fé; se dizia falsamente que ele falava de alma em seus trabalhos, enquanto tinha dito sempre mente, e se chegou ao ponto de marcarem uma reunião com ele, realizado em 1969, no campus de Berkley, na Califórnia, "O cérebro e a alma": o texto da conferência, na qual ressaltava exclusivamente a palavra mente, por ele enviada para publicação na revista da universidade à fim de que as suas ideias ficassem claras para todos, compreendendo aqueles que não interviram na conferência e*

---

[29] "È Uomo", cit., cap. II, IL CERVELLO, LA MENTE, L'ANIMA DI FRONTE ALLA SCIENZA, parágrafo *"Approcci ad anima-mente in neurobiologia e psichiatria"*.

nem conheciam o título, simplesmente porque não tinha sido publicado". No entanto, *"Eccles manteve sempre a certeza de que quando uma conjectura científica é demonstrada falsa em um confronto com dados experimentais, descobrindo-se assim que a verdade está em outra parte, se está diante de uma vitória da ciência":* sua lógica é evidente.

Poder-se-ia se acrescentar duas grandes figuras científicas não adeptas a uma religião, mas teístas, Albert Einstein e Max Planck. Todavia, é somente nos anos 60 do século XX que os cientistas crentes vieram se juntar aos colegas cientistas ateus quando não escondiam a sua fé; e parece por outro lado que a maior parte deles preferia não divulgá-la, exatamente para trabalharem com mais tranquilidade. Uma campanha filosófica ou ideológica contra os credos transcendentes, que pelo seu objetivo é estranha à ciência, foi combatida pelos célebres cientistas, como o já citado, e agora falecido, Jacques Monod, como o astrofísico Stephen Hawking, o filósofo da ciência e estudioso da mente Daniel Clement Dennet, o físico Steven Weinberg, o etólogo e biólogo Richard Dawkins, que estavam todos empenhados em divulgar junto ao vasto público as suas descobertas, difundindo os seus pensamentos ontológicos ateus, introduzindo fortes dúvidas sobre a existência de Deus ou até mesmo negando-a. Encontra-se na Itália, notáveis figuras científicas conhecidas do grande público televisivo, como a astrofísica Margherita Hack († 2013) e o matemático-lógico Piergiorgio Odifreddi, que não só é ateu, mas declaradamente anticatólico.

6
Sobre o criacionismo-fixismo

Normalmente os evolucionistas positivistas do século XIX e dos primeiros decênios do século XX isolavam o criacionismo no livro da Gênesis, onde se encontra a narração da criação do mundo no decorrer de seis dias e do homem ao sexto dia, julgando que todos os crentes das religiões ditas "do Livro" tomassem aquela história ao pé da letra. Mas era somente assim para uma parte dos fiéis, para aqueles de pouca ou nenhuma cultura teológica, e hoje ainda ocorre em alguns pequenos movimentos religiosos fundamentalistas. Aqueles cientistas do passado, ainda que normalmente privados de profundos conhecimentos teológicos, foram muito superficiais em avaliar os crentes. Faz tempo que se sabe, inclusive os darwinistas, que o criacionismo não é assim simplista e ingênuo como acreditavam os seus antecessores. É obvio que todos os crentes de hoje, são esses evolucionistas ou criacionistas; entendem os seis dias da Criação como Eras, revelando a alegoria da descrição bíblica, e o seu conteúdo aparece em metáfora, não sincrônica, mas em diferentes tempos das diversas espécies, sempre mais complexas, até Adão, ou o Plasmado, como o chamavam os escritores eclesiásticos antigos.

No que diz respeito aos cristãos criacionistas, não pensam em uma criação concomitante de todos os seres viventes, mas consideram que Adão tenha nascido em tempos relativamente próximos; além disso, considerando os fósseis de espécies não mais existentes, pensam em um desaparecimento gradativo de certos organismos, como os famosos dinossauros, observando apesar disso, que certas espécies antiquíssimas, pelo menos até o momento não foram extintas. Esses criacionistas contemporâneos se opõe à teoria darwinista referindo-se a dados de pesquisa. Esses, e por outro lado também certos evolucionistas prudentes, colocaram em evidência que até agora nunca ocorreu uma mutação moderna que levasse a uma nova espécie e fizeram notar, como caso extremo, os erros de transcrição do DNA que transmitidos aos descendentes criaram uma monstruosidade, mas em nenhum caso se presenciou o nascimento de um novo ser que pudesse fazer pensar em uma macroevolução da espécie; isso em se tratando tanto de mutações do DNA endógeno, quanto de mutações originadas de causas exógenas como as exposições a fortes radiações ionizantes que pudessem notadamente provocar erros que viessem transcritos e transmitidos aos descendentes; são tristemente conhecidos os casos de filhos de vítimas sobreviventes dos bombardeios atômicos de Hiroshima e Nagasaki, mais afetados pela radioatividade, e também o caso dos descendentes de pessoas irradiadas por causa das explosões e desmoronamento dos reatores da obsoleta central atômica de primeira geração de Chernobyl, na ex-União Soviética. Os criacionistas contemporâneos citam ainda o caso, que já comentei, da mutação das bactérias em autodefesa a um antibiótico específico, as quais se modificam para resistir a ele, tornando-se assim uma outra espécie. Chama-nos a atenção também os experimentos de laboratório realizados por Thomas Hunt Morgan (1866-1945), bem antes da descoberta do DNA, na mosca da fruta e do vinho, a *Drosophila melanogaster*: desde 1908 e por trinta anos Hunt Morgan submeteu drosófilas a experimentos de todo o tipo levando-as a sofrer, entre calor e frio, a sede e a fome, aos raios luminosos ultravioletas, aos infravermelhos e a radiações Röntgen, isto é, os chamados Raio-X; obteve um milhão de mutações, todavia, em grande parte debilitantes: mosca de doze pernas em vez de seis, pelos se tornaram mais longos ou muito curtos, variações de cor dos olhos e assim por diante, mas em nenhum caso foi transmitido aos descendentes das drosófilas um novo tipo de órgão do qual se pudesse falar de uma macroevolução, isto é, de uma transformação da espécie. Os criacionistas contemporâneos chamam particular atenção sobre a falta de pesquisas em relação aos chamados fósseis de transição; fizeram notar que os evolucionistas, até 1860, ano seguinte ao da publicação da "Origem das espécies", de Darwin, tinham apresentado como prova da evolução o *Archaeopteryx*, fóssil encontrado nos estratos geológicos da Era do Jurássico superior, isto é, há aproximadamente 150 milhões de anos, e que tal achado tinha sido aceito como o elo intermediário entre répteis e as aves; observaram que nunca foi sustentada na paleontologia que, considerando a estrutura complexa daquele animal, vale dizer, penas, asas, ossos pneumáticos, tratava-se de um pássaro e não de um ser intermediário, também se esse existisse, diversamente das espécies avícolas modernas, os chamados membros anteriores livres e com unhas, dentes nos maxilares e cauda com vértebras, e apresentava além disso um anel esclerótico na órbita, como função do diafragma; em outras palavras, tais animais que voavam se colocavam sim em ordem cronológica, logo depois dos répteis, porém não era um mero núcleo primitivo de pássaros com características avícolas fundamentais, por isso com o seu descobrimento, concluíram que, não era aquele o fóssil de transição, e portanto, não totalmente corroborado com a conjectura do autoevolucionismo. Além disso, o criacionismo coloca em evidência que o surgimento das espécies parece ter sido repentino, assim eles interpretaram, como se tivessem sido criadas cada uma em um momento, nos diferentes tempos sucessivos, e fizeram notar o súbito surgimento em massa de grupos homogêneos de certas plantas, respectivamente durante as Era do Pré-Cambriano, do Cambriano, do Jurássico, do

Siluriano inferior, do Carbonífero superior, do Cretáceo, como por exemplo, as algas azuis surgidas todas no Pré-Cambriano, juntamente com as bactérias; enquanto levou mais de 2 bilhões de anos para o surgimento repentino, no Cambriano inferior, das algas verdes e fungos, e as plantas vascularizadas apareceram, sempre repentinamente, muito tempo depois, no Siluriano; e em relação ao reino animal, os criacionistas citam, entre outras, o exemplo dos invertebrados nascidos em massa no Cambriano, enquanto somente na Era seguinte, no Siluriano surgiram, sempre em grupo, os vertebrados. Afirmam com veemência, criticando a conjectura da evolução, originárias de mutações casuais lentas e contínuas, isto é, do darwinismo, que seria necessário um tempo imensamente maior do que o ocorrido desde o início da vida em nosso planeta, entre 3,8 e 4 bilhões de anos atrás, para que tais mutações trouxessem não só os maravilhosos resultados que conhecemos, com o ser humano no topo, mas também só os seres primitivos complexos.

Se os criacionistas não criticam o evolucionismo acerca do mero ditado bíblico e procuram ao invés, falsificarem aquela teoria sob base científica, não me parece evidente que tenhamos trazido algum dado para corroboração da hipótese de que Deus tinha de vez em quando, no decorrer do tempo, criado da matéria bruta novas espécies até se originar, sempre da matéria não vivente, o *Homo sapiens sapiens*.

7
Sobre a conjectura da evolução por saltos ou dos equilíbrios pontuados

Foi visto que como causa originária, o Big Bang e a evolução cósmica não podem ser objetos da ciência, assim também não se pode pesquisar experimentalmente a causa determinante da evolução biológica, porque a causa é somente suposição, além de experimentos. Todas as outras considerações são, ao contrário, examinar detalhadamente, pela própria experiência, as evidências experimentais da evolução e, nessa investigação, procurar entender se essa se desenvolve somente por transformações lentas e contínuas ou *também* por saltos repentinos.

Os criacionistas rejeitam não somente o autoevolucionismo casual, mas ao contrário dos evolucionistas teístas, também a ideia de uma evolução que, além das mutações muito lentas e graduais, ocorra através de mutações periódicas e determinantes por saltos, conjectura essa chamada oficialmente "dos equilíbrios pontuados" e comumente também de saltacionismo. Essa, se comprovada, verificaria a objeção no transcurso relativamente breve para unir aos maravilhosos resultados que conhecemos e principalmente ao ser humano, partindo de menos de 4 bilhões de anos atrás, daquele amálgama que os evolucionistas atuais chamam "sopa primordial" e que Darwin já tinha considerado sob a expressão "pequeno lago morno". Segundo os criacionistas, a teoria dos equilíbrios pontuados, em que cada ponto significa um salto evolutivo, é somente uma tentativa ardilosa dos neodarwinistas de eliminarem a dificuldade criada pela ausência dos fósseis de transição. Como esses observaram, de fato não explica de que maneira ocorreria os saltos. Isso é verdade no momento, mas resta o fato de que uma hipótese científica nem sempre se comprova em pouco tempo, assim se requer frequentemente muito tempo para recolher provas determinantes e transformar a mera hipótese em teoria; e ainda se é verdade que a conjectura dos equilíbrios pontuados tem por fim superar a dificuldade das más sucedidas descobertas de fósseis de seres intermediários, isto é, a integração da teoria da autoevolução casual por pequeníssimas mutações contínuas, eu suspeito que a crítica a tal hipótese surja na mente dos criacionistas não por ainda não ser uma conjectura científica digna de aprofundamento, mas pelo simples fato de que, como o darwinismo clássico, essa não veio dos cientistas crentes: parece-me que ainda aqui se encontra imensa confusão entre o campo científico e o metafísico. De qualquer modo, vejamos um pouco melhor essa ideia dos equilíbrios pontuados, surgida em 1972 na mente dos paleontologistas estadunidenses Niles Eldredge (1943) e Stephen Jay Gould (1941 - 2002).

> O falecido Stephen Jay Gould era professor de geologia e zoologia na Harvard University e de biologia na New York University, além de cientista e autor de artigos especializados era um ótimo palestrante. Niles Eldredge é professor adjunto na City University of New York e curador do Departamento de Invertebrados do American Museum of Natural History, e um especialista em trilobites da Era Paleozoica.

Segundo esses dois pesquisadores, a evolução teria sim normalmente uma mutação mínima das espécies como supunha Darwin, de tal modo que os resultados se evidenciariam somente após milhões de anos, mas vez por outra, em uma *quantidade* de milhões de anos, aconteceria um salto repentino pelo qual uma dada espécie animal ou vegetal aceleraria de repente a própria evolução, um pouco como se espontaneamente essa acertasse a mutação correta, dando lugar a um novo organismo mais adaptado a prosperar. O homem seria o mais ilustre produto de tais saltos, graças a uma modificação morfológica repentina, e aparentemente sem importância, aquela do polegar oponível, que certamente lhe teria proporcionado uma grande vantagem em relação a todas as outras espécies, vantagem que sem saltos seriam necessários ainda muitos milhões de anos, enquanto o *Homo sapiens sapiens* existe no máximo há poucas centenas de milhares e, talvez apenas cem mil anos. Tinha despertado a ideia nos dois cientistas o fato de que nunca se encontrou as ligações medianas, os populares fósseis de transição, entre uma e outra espécie. Segundo seus escritos, Darwin nunca foi interpretado de maneira correta e deveria ser revisto com mais atenção; os dois autores apontam convencionalmente como ultraevolucionistas aqueles que, em seus pareceres, não tendo entendido a fundo as ideais darwinianas consideram a seleção natural como a causa primária da evolução, enquanto chamam os outros de naturalistas, incluindo Charles Darwin, e obviamente, eles mesmos, Niles Eldredge e Stephen Jay Gould.

    Penso que tal teoria possa ser completada pelos evolucionistas crentes porque não se mostra em desacordo com a Bíblia, e em particular com a visão genésica de Deus criador e ordenador do Universo. Para a ciência fica a tarefa de comprovar ou ao contrário de falsificar, através de experimento, tal conjectura.

8
Pareceres de alguns dos últimos Papas

Papa Pio XII

Na Encíclica *Humani generis*, de 22 de agosto de 1950 esse pontífice declarava que o estudo da hipótese evolucionista não contrastava com o credo católico, contanto que se rejeitasse a ideia das automutações casuais e se aceitasse a ideia de um projeto evolutivo divino.

Na época do seu papado, os descobrimentos de fragmentos fósseis de crânios de humanoides junto aos seus fêmures, indicando uma postura ereta dos possuidores já eram numerosos e não podiam mais ser ignoradas pela Igreja. Os primeiros descobrimentos de *Homo erectus*, chamado de Homem de Java, tinha ocorrido em 1890 e achados sucessivos seriam descobertos, no mesmo sítio, em 1936; tinham sido descobertos em outra localização, entre 1929 e 1937 achados relativos a outro *Homo erectus*, mais dotado do que o anterior, chamado de Homem de Pequim, e entre os seus descobridores paleoantropólogos havia um muito estimado pelo Papa Pio XII, o padre jesuíta Pierre Teilhard de Chardin, também geólogo. Nos mesmos decênios tinha sido descoberto na África do Sul, pelo paleoantropólogo Raymond Dart, os primeiros fósseis de australopitecos, o crânio de uma criança de *Australopitecus gracilis*, depois denominado *Australopitecus africanus*, e em seguida, em 1938, tinham sido encontrados por Robert Broom, fósseis de um australopiteco adulto, chamado *Australopitecus robustus*. No entanto, depois da redescoberta no século 20 das leis hereditárias de Mendel, que por muitos anos tinham permanecido no esquecimento, e depois do surgimento da bioquímica e dos primeiros estudos sobre a estrutura do DNA, surgiram entre os cientistas hipóteses precisas sobre os mecanismos determinantes das mutações das espécies no decorrer do tempo, e a síntese de tais conjecturas tinha sido concentrada na chamada "teoria sintética das evoluções", que rapidamente se tornou de domínio público graças aos meios de comunicação. Além disso, a ideia da evolução nunca tinha sido aceita pelos representantes do mundo católico, como o teólogo jesuíta Karl Rahner, um dos maiores protagonistas da reflexão inovativa na Igreja, que teria conduzido a determinante reviravolta do Concílio Vaticano II, e o citado paleoantropólogo e geólogo padre Pierre Teilhard de Chardin: como melhor veremos no próximo capítulo, o segundo era autor tanto de testes antropológicos, como de escritos teológicos; estes últimos tinham sido publicados por terceiros somente após a morte do autor e, pouquíssimo tempo depois, foram acusados de panteísmo pelo Santo Ofício, quando o então Papa Pio XII e o padre Pierre, já estavam mortos há tempos, por isso aquele Pontífice não pôde conhecer as ideias teológicas teilhardianas, mas somente a atividade científica do autor.

    Pio XII então, na Encíclica *Humani generis* tinha oficialmente considerado conciliável o credo católico e a hipótese evolucionista desde que se rejeitasse o darwinismo ateu baseado no acaso, isto é, o autoevolucionismo, e reconheceu o estudo junto à hipótese criacionista; o Papa tinha destacado na encíclica o conceito de teoria científica, vale dizer de uma conjectura corroborada por provas experimentais, pelas hipóteses científicas, isto é, de uma conjectura inteiramente demonstrável, tinha evidenciado que o evolucionismo era, ao menos para o momento, uma hipótese, como por outro lado era o criacionismo, mas uma hipótese séria, digna de raciocínios aprofundados. Para esse Pontífice não havia oposição entre a concepção cristã do ser humano filho de Deus e a ideia de evolução das espécies, desde que, como foi dito, obviamente se rejeitasse a ideia de mutações casuais, mas que não se perdessem de vista os conceitos básicos do livro da Gênesis, isto é, a criação de cada pessoa (se considera que a figura de Adão = O homem é emblemática de todos os homens, machos e fêmeas, de cada época) tanto em corpo quanto em alma (*psyché*) a imagem e semelhança de Deus, em consequência de uma única decisão divina caso a caso: ser humano em que o próprio Deus está presente vivificando-o com o próprio espírito divino (*pneyma*).

> O grego *psyché* corresponde ao hebraico *nèfesh* e ao latim e italiano *anima*. Não significa pneuma, ou ânimo, ou espirito, que em grego é *pneyma* e em hebraico é *ruàh* – ou *ruàch*, segundo a pronúncia. Na Bíblia o vocábulo anima é inserido nos contextos nos quais se compreende que exprima a pessoa viva, isto é, o homem como ser vivente. Por exemplo, na Gênesis 2, 7 se lê: *"Deus, o Senhor formou, pois, o homem do barro da terra, e soprou em suas narinas o fôlego da vida e o homem se tornou um ser vivente"*, na 1ª carta de Pedro, 3, 20, encontramos: "[...] *no tempo de Noé,* [...] *poucas pessoas, isto é, oito, apenas oito se salvaram através da água,* e na 1ª carta aos Coríntios, 15, 45 Paulo afirma: *"Assim está escrito: O primeiro homem, Adão, foi feito alma vivente"*; o segundo Adão, é *"espírito vivificante"*. E nota-se que o último – o segundo –Adão é Jesus Cristo e que, portanto, para o Apóstolo dos gentios ele é também espírito divino que vivifica, isto é, que mostra para a humanidade a vida eterna.

Dito em outras palavras, Pio XII admitia o estudo das hipóteses evolucionistas teístas, ou seja, aquela da origem do homem à partir da matéria orgânica a ele antecedente, também originária de Deus, e a colocava junto à narrações clássicas genésicas na qual o ser humano tinha sido plasmado diretamente da terra, isto é, da matéria inorgânica criada por

Deus e não evoluído da matéria orgânica, e essa tese tradicional o Papa colocava em livre confronto com a outra. De tal modo não tinha posição oficial nem para o criacionismo nem para o evolucionismo teísta, considerava com reserva a hipótese evolucionista no sentido de que, se as novas descobertas e os estudos dos fósseis não fossem adequados a conduzir aquela hipótese à teoria científica, de fato a outra teria prevalecido, a da clássica criação de Adão a partir da matéria inerte não orgânica. Quanto à hipótese evolucionista, ele pensava em uma progressiva transformação da forma do humanoide ainda bestial, segundo um preciso projeto divino, até improvisadamente, sem nenhum ser intermediário entre a besta e o homem, a concepção do ser humano-Adão dotado de alma por Deus. Na Encíclica *Humani generis* está escrito que "as almas foram criadas imediatamente por Deus", tal acepção não deve ser compreendida no sentido de que Deus havia criado uma alma colocando-a em um animal com cérebro suficientemente evoluído para acolhê-la, de fato a afirmação de que a alma foi criada imediatamente por Deus comporta um vínculo com um corpo não bestial e, portanto, humano e por isso apto a recebê-la: o cristianismo erra se pensa que um animal bastante evoluído teria tido de Deus, em um determinado momento, uma alma humana, quando o animal já é por si um ser completo, segundo outros projetos divinos, e esse não foi criado, ou segundo a teoria da evolução teísta, não se evoluiu, para receber, a certo ponto, a alma humana; o primeiro *Homo sapiens sapiens* é inteiramente uma criatura nova, foi concebido como um verdadeiro homem em corpo e em psique-alma; em outras palavras, enquanto os pais materiais-animais da espécie Adão, isto é, de todos os humanos de cada época, são ainda inteiramente bestiais, os seus filhos, como também os seus descendentes, serão imediatamente completamente humanos.

O Papa Pio XII afirmava simplesmente quando esteve no comando da Igreja, que Deus havia criado a pessoa humana completa, dotada de alma – *psique* – e de corpo – *matéria* –.

Papa Pio XII, monogenismo e poligenismo

Apesar de tudo, aquele Papa rejeitava o chamado *poligenismo*, segundo o qual a humanidade teria descendido não de um primeiro e único casal de seres humanos, como no *monogenismo*, mas de progenitores díspares que teriam originado outras tantas *raças* diversas.

> O poligenismo, que tanto agradava a Hitler e aos seus, acabava facilmente no racismo, por exemplo, considerando os seres humanos de pele negra inferiores aos indo-europeus, acreditando na suposição de que os negros descendiam de outro casal.

Pio XII queria que de todo o gênero humano, fosse bem evidente a descendência somente de Adão macho e fêmea[30], isto é, do primeiro casal desejado e criado diretamente por Deus, com a inserção da alma-psique nos dois progenitores da humanidade. Não foi, em outras palavras, acolhido pelo Papa Pio XII, e nem mesmo o é hoje por qualquer cristão porque contraria o ditado bíblico, a ideia de que o nome Adão indicasse todos os muitos progenitores das diversas espécies humanoides e cujos exemplares, apesar do nome *científico* de *Homo*, não se pode *biblicamente* dizer homens, compreendendo, como já havíamos visto um dos mais

---

[30] Gênesis, 1, 27: *"Deus criou o homem a sua imagem; criou-o a imagem de Deus, criou o homem e a mulher"*

evoluídos, o *Homo sapiens neanderthalensis*; segundo a Igreja de cada época certamente Deus tinha e tem os próprios planos sobre toda a sua criação e, portanto, poderíamos dizer modernamente que ele tinha também sobre os humanoides das diversas espécies *Homo*, sendo esses, elementos do mesmo criador, mas que não se tratava do mesmo projeto, biblicamente revelado, relativo a nós seres humanos da estirpe *Homo sapiens sapiens*; em outras palavras, os fiéis ainda não podiam e não podem aceitar a ideia poligenética de que outros *Homo sapiens sapiens* tenham existido na Terra, *verdadeiros seres humanos* dos quais não somos originários, pela geração natural, do primeiro casal da nossa espécie.

Papa João Paulo II

Dez anos depois, em 1986, a conjectura da evolução teísta era recepcionada por um dos sucessores do Papa Pio XII, João Paulo II. Ocorrera em um tempo anterior no curso da usual Audiência Geral Pontifícia das quartas-feiras e precisamente na quarta-feira, 16 de abril de 1986; em 28 de outubro seguinte, durante um discurso na Pontifícia Academia das Ciências[31] por ocasião do cinquentenário da sua fundação, o Papa, evidenciando o grande interesse da Igreja pela pesquisa científica, afirma que *"hoje a Igreja, longe de se refugiar em um ponto apologético ou defensivo, se faz intérprete da ciência e da razão, da liberdade de pesquisa, para legitimar a autêntica ciência. [...] Como Corpo constituído próximo à Santa Sé, a Pontifícia Academia das Ciências testemunha a harmonia entre a Igreja e os homens da ciência, o seu apoio recíproco e é uma*

---

[31] O texto completo do discurso encontra-se no site da internet do Vaticano, editado pela Libreria Editrice Vaticana.

chamada aos valores da consciência no mundo científico". Um decênio depois, passados já quarenta e seis anos da Encíclica *Humani generis*, João Paulo II se exprimia difusamente sobre o evolucionismo em uma Mensagem aos membros da Pontifícia Academia das Ciências reunidos em sessão plenária, em 22 de outubro de 1996[32]. Declarava entre outros aos acadêmicos: *"Em sua Encíclica Humani generis o meu antecessor Pio XII tinha afirmado que não havia oposição entre a evolução e a doutrina da fé sobre o homem e sobre sua vocação, desde que não se perdessem de vista alguns pontos fixados. [...] Hoje, aproximadamente meio século depois da publicação da Encíclica, novos conhecimentos conduzem a não considerar mais a teoria da evolução como uma mera hipótese. [...] É digno de nota o fato de que essa teoria tenha sido progressivamente imposta aos pesquisadores, seguida por uma série de descobertas feitas em diversas disciplinas do saber. A convergência não procurada nem provocada dos resultados dos trabalhos conduzidos independentemente uns dos outros, constitui por si só um argumento significativo a favor dessa teoria. [...] Na verdade, mais do que a teoria da evolução, convém falar das teorias da evolução. Esta pluralidade deriva de um lado da diversidade das explicações que foram propostas sobre o mecanismo da evolução e de outro lado das diversas filosofias às quais fazem referimento. Existem, portanto, leituras materialistas e simplificadas e leituras espiritualistas. O processo é de competência da própria filosofia e, ainda outra, da teologia. [...] A teoria demonstra a sua validade à medida que é suscetível de verificação; é constantemente validada em relação aos fatos; onde não tem demonstração dos fatos, mostra os seus limites e a sua inadequação. [...] Como consequência, as teorias*

---

[32] Pode-se ler o texto completo da mensagem, editado pela Libreria Editrice Vaticana, no site do Vaticano na página da internet:
http://www.vatican.va/holy_father/john_paul_ii/messages/pont_messages/1996/documents/hf_jp-ii_mes_19961022_evoluzione_it.html

da evolução que, em função das filosofias que lhes inspiram, consideram o espírito como emergente das forças da matéria viva ou como um simples epifenômeno dessa matéria, são incompatíveis com a verdade do homem. Essas são, além disso, incapazes de estabelecer a dignidade da pessoa. Com o homem nos encontramos então diante de uma diferença de ordem ontológica, poderíamos dizer, diante de um salto ontológico". Portanto, esse Papa destacava que não havia necessidade de fazer coincidir o evolucionismo com o darwinismo ateu, mas falar de diversas teorias da evolução baseadas em diferentes filosofias. Reafirmava que pela conjectura evolucionista já se podia falar de probabilidade positiva em apoio a muitas corroborações das hipóteses no decorrer dos séculos XIX e XX, com velhos e novos descobrimentos de fósseis e da avaliação cronológica, com base nos estratos geológicos das suas localizações e não somente em consequência das análises das amostras. Pensando bem, para esse Papa, a evolução que ele considerava, indubitavelmente não era devido ao acaso, mas a um projeto divino, tinha direcionado de modo finalístico os seres viventes ao nascimento do homem. João Paulo II falava de um salto existencial vindo com a criação de Adão e com a participação imediata do homem na função divina. De fato o *Homo sapiens sapiens* foi criado, segundo a Gênesis, a imagem do Criador, ou seja não somente com uma mente humana, mas também com um corpo humano como aqueles do próprio Deus na segunda Pessoa encarnada em Jesus Cristo e tendo Deus soprado o seu espírito de vida no homem e animado a própria Razão-Logos na sua alma-mente. Graças a tudo isso a pessoa em corpo e alma tinha natureza humana e filiação divina. Em sua intervenção João Paulo II afirmava que não existia dificuldade em explicar a origem do corpo do homem mediante o evolucionismo, desde que isso se referisse a uma lei de Deus; e acrescentava que, no entanto, era inaceitável reter o espírito do homem emergente das forças da matéria, quando não, até como um epifenômeno material que teria surgido em certo ponto, isto é, como um fenômeno secundário não modificante daquele principal da autoevolução casual, segundo o darwinismo: para tal hipótese ateia somente a matéria importaria e não seria espírito de vida originário de Deus, e a dignidade da pessoa humana não seria adequadamente fundamentada, justamente porque o homem não seria filho de Deus, mas da matéria, isto é, porque não seria o "sopro de vida" divino no "pó da terra", modelada pelo próprio Deus.

> "Deus, o Senhor formou, pois, o homem pó da terra, e soprou em suas nas narinas o fôlego da vida e o homem se tornou um ser vivente" (Gênesis 2, 7).

Nota-se que desde o início dos anos 60 do século XX, no decorrer do Concílio Ecumênico Vaticano II e precisamente na Constituição Conciliar *Gaudium et Spes* (n. 24), foi afirmado enfaticamente pelos padres conciliares que o ser humano é a única criatura que Deus tinha querido para si próprio e não pode então ser considerado de nenhum modo instrumento da espécie a que pertence; e nessa Constituição, João Paulo II foi lembrado expressamente a observar na Suma Teológica[33] de Tomás de Aquino, que a semelhança do ser humano com Deus reside em primeiro lugar na sua inteligência especulativa, ou seja na sua alma racional individual, e que a relação de inteligência especulativa humana com o objeto de seu conhecimento é similar àquele detidos por Deus com o próprio criado. A dignidade de cada ser humano vem do espírito de Deus que chamou tal pessoa à vida e que está presente nele mantendo-a viva na Terra e depois na vida eterna, criatura

---
[33] Summa theologica, I-II, q. 3, a. 5, ad 1.

humana que já nesse mundo é capaz de pensar e querer Deus e que, segundo a Revelação, é chamada expressamente a entrar em uma relação de conhecimento e de amor com o Criador, relação que terá o seu desenvolvimento completo depois da morte, na eternidade.

João Paulo II concluía os discursos sobre evolucionismo para os membros da Pontifícia Academia das Ciências recordando que no Evangelho segundo João a palavra vida indica teologicamente aquela luz divina que Jesus Cristo deu ao ser humano e que é única com a própria vida, não somente enquanto cada pessoa é convidada a entrar na eternidade do amor infinito de Deus após a morte terrena, mas enquanto, segundo o quarto evangelista, a vida eterna já é de amor pelo próximo, na sublimação da vida terrena até a imitação do agir de Jesus Cristo:

> *"Na conclusão, desejo recordar uma verdade evangélica que poderia iluminar, com uma luz superior, o horizonte das vossas pesquisas sobre a origem e sobre o desenvolver da matéria vivente. A Bíblia, de fato, contém uma extraordinária mensagem de vida. Caracterizando as formas mais elevadas da existência, essa nos oferece de fato uma visão de sabedoria sobre a vida. Essa visão me guiou na Encíclica que dediquei em consideração à vida humana e que intitulei precisamente "Evangelium vitae". É significativo o fato de que, no Evangelho de São João, a vida designa a luz divina que Cristo nos transmite. Nós somos chamados a entrar na vida eterna, ou seja, na eternidade da beatitude divina".*

Esse Pontífice, agora Papa emérito, quando ainda lecionava sob a cátedra de Pedro apresentava temas sobre a evolução. No decorrer de uma homilia pronunciada durante a Missa na Esplanada de Islinger Feld, em Regensburg (Ratisbona, Alemanha), terça-feira, 12 de setembro de 2006: tinha dito que essa vinha de Deus e que o devoto não tinha nada a temer sobre as teorias que negam Deus[34]. Em suma o Papa emérito também pensa que a teoria da evolução é aceitável desde que não se pense nela como produto da seleção natural casual: "[...] *Nós cremos em Deus. Essa é a nossa decisão final. Mas novamente a pergunta: isso é possível ainda hoje? É uma coisa racional? Até o iluminismo, ao menos uma parte da ciência se empenhava com dedicação para procurar uma explicação do mundo, em que Deus se torna supérfluo. E assim Ele deveria se tornar inútil também para a nossa vida. Mas cada vez podia lembrar que se desse certo, aparecia novamente: as contas não deram certo! As contas do homem, sem Deus, não dão certo, e as contas no mundo, em todo o universo; sem Ele não dão certo. No fim das contas, resta a alternativa: o que existe na origem? A Razão criadora, o Espírito Criador que opera tudo e leva ao desenvolvimento, ou a irracionalidade que, priva cada razão, estranhamente produz um cosmo ordenado de modo matemático e também o homem, o seu bom senso. Esse, porém, seria então um resultado casual da evolução e também no fundo, algo irracional. Nós cristãos dizemos: "Creio em Deus Pai, Criador do céu e da terra" – creio no Espírito Criador. Nós acreditamos que na origem existe o*

---

[34] Pode se ler o texto completo dessa homilia no site do Vaticano, na seguinte página da internet, evidentemente editado pela Libreria Editrice Vaticana: http://w2.vatican.va/content/benedict-xvi/pt/homilies/2006/documents/hf_ben-xvi_hom_20060912_regensburg.html

Verbo eterno, a Razão e não a Irracionalidade. Com essa fé não temos necessidade de nos escondermos, não devemos temer o encontro com ela em um beco sem saída. Estamos felizes em poder conhecer Deus! E procuramos nos tornar acessíveis também aos outros a racionalidade da fé, como em sua Primeira Carta, São Pedro explicitamente exortou os cristãos de seu tempo a fazerem e também a nós".

Por outro lado antes, quando ele era o teólogo professor Joseph Alois Ratzinger, no ensaio de 1968, "Introduzione al Cristianesimo"[35], tinha demonstrado estima recordando as ideias evolucionistas de Teilhard de Chardin, pessoa estudiosa que encontraremos no capítulo seguinte. Sucessivamente, agora cardeal Ratzinger, em 25 de novembro de 1981, mesmo depois de ser Prefeito da Congregação para a doutrina da fé, o ex-Santo Ofício não tinha manifestado nenhum pensamento em contrário.

Como já havia mencionado em um trabalho anterior[36], Bento XVI, tinha escrito entre outro, a respeito de Teilhard, que *"se Jesus é chamado – Adão – no Novo Testamento, N.d.A. –, quero dizer que ele é destinado a concentrar em si toda a natureza de – Adão. O que, porém, significa: aquela realidade, hoje para nós ainda largamente incompreensível, que Paulo chama – corpo de Cristo, é uma exigência íntima dessa existência, que não pode permanecer em exceção, mas deve "atrair todos os homens a mim" (ver São João 12,32). É um grande mérito de Teilhard de Chardin, o fato de ter repensado de modo inovador essas relações a partir da imagem moderna do mundo, e não obstante uma tendência não de tudo imune de simpatia pelo biologismo, de tê-las*

---

[35] Reimpressa muitas vezes: Joseph Ratzinger, "Introduzione al Cristianesimo - Lezioni sul Simbolo apostolico", cit.; consulte em particular as páginas 77, 226 ss., 294, 309, relativas a Teilhard de Chardin.
[36] "È Uomo", cit.

compreendido de maneira correta e, de havê-las tornado novamente acessíveis. [...] o homem [...] representa o máximo de complexidade até agora alcançado. Mas também ele, como simples nômade-homem, não pode representar ainda o fim; a sua própria vinda exige um movimento anterior de complexidade [...] o homem já é de um lado um ponto terminal, que não se pode mais fazer retroceder nem liquidar; todavia, no coexistir dos indivíduos humanos únicos, não é ainda reunido a metade, mas se mostra, por assim dizer, com um elemento que aspira a uma totalidade que o compreenda, sem destruí-lo. [...] o objetivo final de todo o movimento, assim como vê Teilhard: o fluxo cósmico se move "em direção a uma condição inimaginável, quase monomolecular...em que cada Ego [...] é destinado a se juntar ao seu vértice em uma espécie de misterioso – Superego. O homem enquanto "eu", é um ponto terminal, mas a orientação do movimento do ser e da sua própria existência o mostra contemporaneamente como uma estrutura que faz parte de um – Supereu, que não o desfaz, mas o compreende; portanto nesse estágio de unificação pode surgir a forma do homem futuro, na qual o ser-homem será totalmente unido a seu objetivo. Acreditamos que se possa tranquilamente colocar que aqui, partindo da visão atual do mundo e certamente com um vocabulário às vezes muito técnico, na essência é entendida e retorna novamente compreensível no estudo da cristologia paulina. A fé vê em Jesus o homem em que – falando segundo o esquema biológico – por assim dizer, realizou o próximo salto evolutivo; o homem que já realizou a superação dos limites dos nossos seres-homens, do seu isolamento monódico, o homem em que personalização e socialização não se excluem mais, mas se confirmam; o homem em que a suprema unidade – corpo de Cristo, diz Paulo, assim, mais incisivamente: —Todos vós sois um em Jesus Cristo (Gal 3,28) — e a extrema individualidade forma um único todo; [...] a fé verá em Cristo o início de um movimento no qual a divisão da humanidade vem gradualmente recomposta no ser de um único Adão, em um único corpo – o do homem que deve vir. Verá nele o movimento em direção ao futuro do homem, em que este será inteiramente "socializado", incorporado em um Único, mas de maneira que o indivíduo não seja desfeito, mas sim reconduzido plenamente a si mesmo. Não seria difícil demonstrar como a teologia de São João orienta na mesma direção. Recordemos somente a breve afirmação [...]: "E quando eu for levantado da terra, atrairei todos os homens a mim" (São João, 12,32). [...] Cristo, enquanto homem vindouro, não é o homem para si, mas essencialmente o homem para os outros; ele é o próprio homem do futuro enquanto homem totalmente acessível".

É bastante claro que o teólogo, depois de ter feito obviamente as devidas distinções em relação às "predileções pelo biologismo" de Teilhard e para a sua linguagem bastante ambígua e suscetível de confundir o leitor, segundo um vocabulário excêntrico no campo teológico, considera com muito interesse os escritos teológicos teilhardianos.

Papa Francisco

No momento não me recordo que esse Pontífice tenha se pronunciado sobre a teoria da evolução das espécies. A sua administração, pelo menos até a data em que redigi essas minhas palavras, março de 2019, foi sobretudo direcionada à promoção social dos pobres e dos perseguidos, tendo como referência, parece-me, o Evangelho de Lucas conhecido ainda como "o evangelho dos pobres", e além disso, mais recentemente, voltou-se à moralização de alguns ambientes eclesiásticos pedófilos ou, geralmente, depravados sexualmente, iniciando pelos seminários e colégios até o nível de certos cardeais e bispos.

Em relação à evolução, parece-me admissível pensar que

ele se encontra na posição de evolucionista segundo a ideia do projeto inteligente divino; a sua formação universitária é acima de tudo científica: contrariamente a tudo que é dito, ele não obteve somente um diploma de especialista em química, junto ao instituto técnico, mas graduou-se sucessivamente em ciências químicas – mestrado – na Universidade de Buenos Aires; depois se doutorou em filosofia, na Universidade Católica de Buenos Aires[37]; pode se levar em consideração que ele é jesuíta, o primeiro Papa jesuíta da história, e que a Companhia de Jesus teve seu início em 1534, a ordem religiosa mais ligada à ciência.

> Além do gravíssimo deslize no século XVII em relação a Galileu Galilei – a ordem dos jesuítas foi uma das responsáveis pelo pedido de abjuração do heliocentrismo requerido pelo cientista – a pesquisa astronômica dos padres jesuítas se sobressai de modo particular. Pode ser interessante saber que eles estavam em conflito com Pisano (Leonardo Fibonacci) também em relação aos cometas, nesse caso estando porém com a razão, porque Galileu considerava os cometas como meros efeitos ópticos, enquanto para os astrônomos jesuítas tratava-se de objetos siderais. Na Specola Vaticana, observatório astronômico da Santa Sé, dirigido pelos jesuítas, transferido do Vaticano para Castel Gandolfo nos anos 30 do século passado por causa da poluição atmosférica em Roma, conduzem-se importantes pesquisas cujas tradições remontam a 1600;

---

[37] Cfr. "Cardinal Jorge Bergoglio: a profile", http://www.catholicherald.co.uk/news/2013/03/13/cardinal-bergoglio-profile/ : "He studied and received a master's degree in chemistry at the University of Buenos Aires, but later decided to become a Jesuit priest and studied at the Jesuit seminary of Villa Devoto. He studied liberal arts in Santiago, Chile, and in 1960 earned a degree in philosophy from the Catholic University of Buenos Aires. Between 1964 and 1965, he was a teacher of literature and psychology at Inmaculada high school in the province of Santa Fe, and in 1966, he taught the same courses at the prestigious Colegio del Salvador in Buenos Aires. In 1967, he returned to his theological studies and was ordained a priest Dec. 13, 1969".

destacam-se os estudos do padre Angelo Secchi que deram origem à ciência da espectroscopia estelar, isto é, o estudo da composição química das estrelas com base no espectro eletromagnético, ainda hoje é o setor principal da atividade do mesmo Observatório. Há alguns anos os astrônomos jesuítas abriram em colaboração com a Arizona State University, um observatório mais funcional no Arizona, o telescópio VATT, localizado na Mount Graham próximo a Tucson.

Como demonstram os artigos pertencentes à Ordem, os jesuítas contemporâneos aceitam a teoria da evolução das espécies. Pode-se examinar em particular o longo artigo de Giuseppe De Rosa, na revista jesuíta Civiltà Cattolica, "L'origine dell'uomo. Evoluzione e Creazione"[38].

> Esta é a apresentação do trabalho no sumário: "*O artigo ressalta que o aparecimento do homem na Terra ocorreu lentamente e por sucessivas modificações. Em seguida a "hominização" ocorreu pela "evolução", que hoje pode ser considerada não mais como uma simples "hipótese", mas uma verdadeira e apropriada "teoria", ainda que alguns aspectos dela permaneçam obscuros. Desse processo evolutivo, o artigo apresenta as linhas essenciais, mostrando que com o Homo sapiens sapiens certamente se atingiu o limiar humano: ele, de fato, pensa, projeta o futuro, fala, tem senso artístico e religioso. Mas a obtenção do – limiar humano – foi possível pela inserção, por parte de Deus criador, da alma humana em uma matéria disposta a recebê-la. A ação de Deus, porém, não anula a contingência, o fortuito e o acaso, mas na sua providência as dirige ao fim.*"

---

[38] Caderno n. 3715 de 02/04/2005, Civiltà Cattolica II 3-104.

Parece-me aceitável pensar que o Papa Francisco não tenha considerado o dever de se pronunciar em relação à teoria evolutiva, pelo menos até o momento, tendo presumido ser suficiente os pronunciamentos por parte de seus antecessores; e tenho julgado muito mais importante a obrigação da divulgação cristã de amor ao próximo e do dever de ser humilde por parte dos dirigentes da Igreja que tiveram que se considerar, evangelicamente, a serviço dos outros, e não certamente dos seus chefes – e até a violência sexual, em alguns casos!

Permita-me acrescentar, ainda que fora do tema desse ensaio, que no decorrer dos séculos alguns eclesiásticos canalhas prejudicaram a evangelização e afastaram os fiéis da Igreja muito mais do que os anticlericais ateus. Isso não impede que os eclesiásticos, as religiosas e os religiosos, por melhores que sejam, e em grande número, estejam espalhados pelo mundo ainda que nos lugares mais inacessíveis: infelizmente fala-se muito pouco sobre eles.

9

Sobre dois dos mais notáveis teólogos evolucionistas cristãos do século XX, Rahner e Teilhard de Chardin

Karl Rahner

Karl Rahner (1904-1984), membro da Companhia de Jesus, se graduou em filosofia, em Friburgo (Alemanha), primeiro sob a influência de Martin Heidegger (1889-1976), autor de "Ser e Tempo", uma obra que trata do tema fundamental da busca existencial desde a metafísica de Platão e a de Aristóteles, o problema ontológico do sentido do ser.

> Rahner entendeu que pela filosofia existencialista de Heidegger, as diversas maneiras do ser da realidade não eram compatíveis entre si, isto é, o ser em si e os entes que são as determinações concretas, e que essa incompatibilidade, ou diferença, que atua entre o ser e os entes, é para Heidegger, uma combinação negativa: o ser é diferente de cada ente e nenhum ente pode igualar-se ao ser em si; e isso é considerado a priori no pensamento heidegeriano como transcendental em relação a qualquer ente. O problema do ser é fundamental, seja enquanto tal, seja pela sua capacidade de criar a realidade e a percepção que tem o ser humano, e requer obrigatoriamente um comportamento cognitivo diferente daquele voltado a conhecer as únicas coisas reais. Ao contrário, o ser entenda como "a essência de algo" (podemos talvez dizer, o existente, distinto do ser em si), é investigado e nessa investigação é interrogado sobre o que é, ou seja precisamente o objeto: o ente. Qual ente é capaz de responder a um quesito sobre seu ser? *Somente o homem* é o

ente idôneo a formular a pergunta de maneia clara e a procurar uma resposta. Assim, a antropologia é essencial à ontologia, como ainda será para a teologia antropocêntrica de Rahner.

Em 1936, Rahner, também tinha se doutorado em teologia, em Innsbruck, onde em 1937 obteve a habilitação para ensino da teologia dogmática, iniciando a sua carreira acadêmica naquela mesma Faculdade. A sua primeira publicação foi lançada em 1939. No entanto, o regime nazista, tinha lhe vetado a docência, ele então se ocupou de atividades pastorais até 1948, quando retornou à Universidade de Innsbruck como professor titular de teologia dogmática; em 1964 transferiu-se para a Faculdade Teologia de Mônaco e por fim, para a Faculdade de Münster. Entre 1963 e 1965 tinha sido um dos principais especialistas credenciados do Concílio Vaticano II, ainda que anteriormente esse filósofo e teólogo tivesse sido suspeito de heresia, no ambiente da cúria romana, e sido hostilizado pelos conservadores da Igreja; mas quando em 28 de outubro de 1958, o reformador e Papa João XXIII foi eleito, a situação tinha mudado radicalmente e Rahner, convocado por aquele Pontífice, foi nomeado consultor do Concílio Ecumênico Vaticano II, tornando-se um dos teólogos católicos mais notáveis e seguidos. Também o seu sucessor Papa Paulo VI, o tinha em grande consideração, convocando-o para ser seu conselheiro em muitos casos, mesmo após o Concílio. Todavia, após a morte desse Papa a situação tinha mudado novamente, no âmbito de uma reação anticonciliar nos círculos eclesiásticos tradicionalistas que privilegiava, entre outros, um retorno à teologia dogmática, e em tais círculos tinha surgido uma severa crítica às ideias rahnerianas.

Em particular, Karl Rahner tinha estudado o problema da hominização, segundo a conjectura evolutiva teísta, partindo da Encíclica *Humani Generis*, do Papa Pio XII. A sua conclusão tinha sido de que se pode sustentar ficando dentro da Revelação e em plena fé cristã, que Deus criou a lei evolutiva para o próprio universo, tanto fisicamente quanto biologicamente determinando a passagem, em um certo momento, de uma espécie hominídeo pré-humana, isto é, de um casal de genitores ainda animais, ao *Homo sapiens sapiens*, biblicamente a Adão, providenciando para que em tal lei, o primeiro ser humano e todos os seus descendentes tivessem o mesmo precípuo corpo e a sua própria alma, como Deus queria. Desde o primeiro Adão, macho e fêmea, cada adão é aquela pessoa original única que o Criador quis com sua particularíssima decisão tomada para cada ser humano, decisão que precede o mundo-tempo e a evolução; em outras palavras, cada humano desde o primeiro, é chamado à vida por Deus, como único, como pessoa inigualável.

A condição, seja existencial na Terra, seja em perspectiva, no plano do Ser eterno, do primeiro ser humano concebido de um casal ainda bestial é igual àquela de cada sucessor gerado por um casal humano. O Criador-Evolutor se valeu instrumentalmente de Adão, da natureza que Deus mesmo fez e que a ele pertence e das leis lhes deu, em particular a da união sexual entre genitores ainda hominídeos pré-humanos, isto é, genitores não homens, mas *matéria* vivente, os quais segundo o desejo divino, ao final do plano de Deus da plasmação do Homem, geram filhos totalmente humanos em corpo e alma. Daquela primeira geração em diante, o corpo de cada homem de cada geração e a sua única alma, ou psique se assim preferir, capaz de pensar independentemente do Criador e de querer o acesso à graça divina vêm de Deus.

Pode-se recordar brevemente que, segundo a teologia católica, não existe predestinação, mas cada ser humano desde o primeiro Adão foi criado livre, por isso quando atinge a idade da razão e se dá conta de existir e de que existe o mundo, isto é, em termos religiosos sente que tem uma alma, ele exercita a sua vontade nas escolhas do bem e do mal; na experiência até o mundo do qual deriva cada ato livre de escolha da única alma humana criada por Deus, a mesmíssima alma-psique se modifica variadamente, no bem ou no mal, valendo-se do trâmite das sinapses cerebrais que são partes do corpo, também essas criadas por Deus.

Em termos filosóficos Rahner escreve que a origem da vida é atribuída inteiramente a Deus como causa primária, isto é, como criação, enquanto se refere à geração no contexto da evolução como causa secundária. Deus é em outras palavras, a base real espiritual-transcendental do desenvolver evolutivo e atuou na própria criação valendo-se de causas secundárias, sempre derivadas da lei de Deus, ou seja, a casualidade divina age dentro de uma casualidade imanente, limitada e finita, reforça-a e eleva para que possa agir além das próprias potencialidades materiais. É a casualidade divina a determinar a autotranscendência da criatura humana, aquilo que Rahner chama *emergentismo*; isso conduz tanto para a personalidade do ser humano, como para a vida de graça. Assim, Deus e suas criações pré-humanas ainda animais são as primeiras causas da existência dos seres humanos, as segundas, são meras causas instrumentais; é o poder de Deus a elevar o feito à potencialidade implícita no próprio Criador, no hominídeo pré-humano, constituindo de tal modo os homens como pessoas racionais, indo através da simples mecânica, projetada por Deus, aos anéis biológicos reprodutivos. Em síntese pode-se dizer que a singularidade, a irreprodutibilidade e a espiritualidade de cada pessoa são estabelecidas somente e apenas na ação criadora e fortalecedora do Criador. Ao término de sua pesquisa Rahner escrevia: *"Não existe, por conseguinte, nenhum perigo que a evolução, se entendida exatamente no sentido verdadeiramente metafísico e teológico, nos leve a pensar no homem de modo menos digno como se fazia antes. O homem que hoje conhecemos [...] que se distingue radicalmente de cada animal e no momento da hominização percorreu, ainda que talvez lentamente, uma via que o deixou tão distante de todo o reino animal, de assumir ao mesmo tempo toda a hereditariedade da sua pré-história biológica nessas profundas e íntimas dimensões da sua existência concreta, foi lá que o homem começou a existir. Quando se manifesta na objetivação histórica já estava concluído e potencialmente ativo. Estando, pois, presentes os elementos biológicos, espirituais e divinos, deve-se afirmar sem rodeios que já estavam no princípio"*[39].

Depois que os escritos sobre humanização foram acrescentados à pesquisa teológica geral de Rahner, é oportuno fazer um resumo para entendê-los melhor. Esse teólogo, tendo em conta Heidegger, como já tinha dito, foi o autor do conhecido método teológico antropológico-transcendental com o qual tinha atuado na conhecida "curva antropológica" que colocava o homem no centro da teologia católica. Substituiu esse método pelo da Escolástica, ainda amplamente em uso nas escolas teológicas, que movia as formulações do alto e procedia exprimindo a doutrina, enquanto o método rahneriano começava de baixo, isto é, da experiência viva dos homens e se dirigia ao sujeito humano, operando uma correspondência entre teologia e vida. O pensamento de Rahner partia de duas observações pragmáticas, a primeira de que na sociedade da segunda pós-guerra em que ele vivia, a ampliação dos conhecimentos em cada ramo do saber impedia as sínteses, e a outra de que a sociedade a essa altura já era pluralista e maciçamente secularizada, onde as expressões de fé não se

---

[39] Karl Rahner, Il problema dell'ominizzazione, trad. de Alfredo Marranzini, Brescia, 1969).

mostravam tão óbvias e fundamentais, mas eram colocadas sob o mesmo plano das outras enunciadas e discutidas, às vezes com presunção, ou completamente rejeitadas. Para Rahner, a teologia dogmática era uma estrada que devia seguir somente aqueles que criam e queriam aprofundar-se e que não era útil à evangelização dos não crentes; segundo ele os conceitos clássicos da teologia já eram incrustados de coisas inúteis, eram rígidos e produziam crises de fé, não sendo mais respondentes à cultura dinâmica e necessitava de uma investigação atual, a qual já partia da base, da antropologia, e não mais de Deus; necessitava, isto é, interromper o critério que descia do alto e doutrinava, que era próprio da Escolástica e em particular de São Tomás de Aquino: muitos já rejeitavam como impossíveis a ideia de que Cristo fosse Deus feito homem, falhava-se muito provavelmente se, para evangelizar, se queria partir de Deus para, depois descer até o homem Jesus, em vez de iniciar historicamente da sua figura para subir ao Deus único e trino cristão.

    Como havia escrito em outra parte[40], com base em outra bibliografia e independentemente da tese rahneriana, necessitava partir do testemunho dos cristãos do século I sobre Jesus de Nazaré morto e, segundo os seus apóstolos e discípulos, ressuscitado, e descobrir os motivos pelos quais tais pessoas, depois da sua morte ficaram tão desiludidas e desejosas somente de fugir, teriam mudado o seu comportamento de repente: e antes ainda necessitava entender por quais razões as fontes neotestamentárias não têm somente caráter teológico, mas também aspectos históricos, em comparação com outros documentos antigos nenhum dos quais

---

[40] Cfr. "Gesù, nato nel 6 a.C., crocifisso nel 30, un approccio storico al Cristianesimo", 2003 e 2008 e 2019; mesmo gratuitamente disponível em e-book-epub e em e-book-pdf; querendo, dirija-se a seguinte página do site do próprio autor: http://www.pagliarino.com/e-book_kobo_e_PDF_Ges%C3%B9_nato.htm

escapa ao fato de ser apologético, característica essa, própria da historiografia da antiguidade, cujas cópias obtivemos, ademais, são menos antigas do que as neotestamentárias.

    Além disso, a ideia rahneriana era de que a teologia ficasse "sem fundamento" se não se baseasse em uma filosofia que demonstrasse racionalmente que os homens têm toda uma substancial abertura para Deus: uma "boa filosofia", isto é, para ele conciliável com os dogmas católicos e propedêuticos à fé cristã, abrindo a mente do homem para o acolhimento da Revelação; para esse filósofo e teólogo a filosofia em si, isto é, prescindindo da abordagem teológica, poder-se ia dizer cristã, quando soubesse demonstrar que o homem é estruturalmente aberto à Palavra, isto é, como ele dizia, é "intrinsicamente batizável"; de tal modo que a filosofia terminava naturalmente na teologia e essa entrava no caminho do ecumenismo, esse último também objetivo essencial do Concílio Vaticano II. Rahner considerava que seguindo o método antropológico, que chamava também antropocêntrico, o teocentrismo se combinava perfeitamente ao antropocentrismo e ao cristocentrismo; afirmava que assim como Deus, o homem é central ao universo, mas que isso não reduzia a superioridade absoluta e indiscutível de Deus, enquanto o Filho, segunda Pessoa da Trindade, e perfeitamente homem, o homem encarnado que entrou na história humana como Jesus de Nazaré. Rahner rejeitava o antigo método teológico e a ideia de que o homem fosse um dos tantos argumentos da teologia, e o centralizava evidenciando que discutir sobre Deus no Cristianismo significava necessariamente discorrer centralmente da antropologia, exatamente porque Cristo, pela Revelação, é o homem perfeito, segundo o testemunho histórico-eclesiástico, a imitar, onde era indiscutível que a centralidade de Cristo é centralidade seja de Deus, seja do ser humano.

Pode-se compreender enfim quanto amor por Deus e respeito pelo ser humano Rahner tinha — tendo como centro o Cristo Deus e o homem — no âmbito de seu método antropológico-transcendental, ao falar de evolução e de hominização.

Pierre Teilhard de Chardin

O sacerdote jesuíta Pierre Teilhard de Chardin (1881-1955), foi um célebre geólogo e paleoantropólogo que tinha participado da descoberta do Sinantropo, na China e dos sítios de Australopitecos, na África meridional, registrando ele próprio a antiguidade dos achados, graças aos seus profundos conhecimentos geológicos. Aceitava, como todos os colegas com quem havia trabalhado, a conjectura evolucionista, mas considerando o Novo Testamento, primeiramente a carta de Paulo e Evangelho de João, ele alcançou uma visão cósmico-teológica evolucionista.

Quando jovem tinha conhecido e tinha lido as obras, ficando influenciado, pelo filósofo prêmio Nobel Henry-Louis Bergson (1859-1941) e ficou sobretudo impressionado pelo ensaio "L'evolution creatrice"[41].

> Bergson era o mais famoso expoente da corrente filosófica do espiritualismo, adversário do positivismo tendo também certa influência das ideias evolucionistas positivistas de Herbert Spencer (1820-1903). Sabe-se que o positivismo, com seu cientismo, na exaltação otimista das ciências experimentais e do cálculo exato, reclamava e reclama, para a ciência a função exclusiva de instrumento de conhecimento e, em consequência, de guia para os seres humanos, como indivíduos e como sociedade, pretendendo

---
[41] Publicada em 1909. Edição italiana: Henri Bergson, "L'evoluzione creatrice", trad. e edição da obra foi de F. Polidori, Milano – (agora Torino -, 2002).

ser base civil, moral e, mas em sentido bastante crítico, religiosa. Todavia, o citado Spencer tinha notado, positivisticamente, analogias entre cada indivíduo da espécie humana e o *organismo* social, revelando que esses vinham modificar a sua estrutura no tempo, de maneira sempre mais complexa, aumentando a interdependência entre as suas partes, enquanto tanto a espécie quanto a sociedade sobreviviam à morte de seus componentes, respectivamente dos indivíduos humanos e das instituições particulares: o seu pensamento era evidentemente baseado seja no darwinismo, seja na sociologia organicista do fundador do positivismo Auguste Comte; ideias semelhantes seriam adicionadas à eugenética, até as aberrantes práticas nazistas. Mesmo sobre aquelas ideias particulares spencerianas, Bergson tinha mantido distância. Henry-Louis Bergson admitia que a inteligência é o instrumento do conhecimento, diferente do que afirmavam os racionalistas materialistas, e pensava que a intuição antecedia a ação analítica da razão e fosse, por sua vez, uma forma de conhecimento: tratava-se de um tipo de mistura dualística de intuição e inteligência transferida do clássico dualismo entre espírito (leia *intuição*) e matéria (leia *inteligência* que busca e avalia os dados da realidade). Bergson ao contrário de Spencer considerava a mesma teoria da evolução em uma ótica espiritualista e não materialista; rejeitava, porém, a hipótese finalística da mesma forma que recusava o mecanicismo darwinista, que era a base do positivismo. Para ele o fundamento da evolução era um *élan vital*, um impulso, ou espírito vital que pressiona a matéria através de realizações sempre mais complexas ao longo de muitos caminhos evolutivos: alguns se fecham, outros, dos quais falamos, prosseguiram e o estímulo criativo implícito no desenvolvimento evolutivo confluía, pouco a pouco, naquelas novas vias sobre as quais continuava a transitar a evolução; de certa maneira, o impulso vital era para Bergson, o sujeito condutor do que chamava a "evolução criadora". Retornemos por um momento, por exemplo, às nossas observações sobre os prossímios, os quais se dividem, segundo hipóteses contemporâneas, de um lado, na linha que conduz ao chimpanzé, e a que do outro lado leva ao homem: Bergson, querendo vê-las, poderíamos dizer que a evolução do prossímio estacionou em certa época (sabemos por outro lado, que certas formas de prossímios existem ainda hoje) porque foi abandonada pelo espírito vital, e que do próprio prossímio vieram duas novas linhas de evolução e foi o mesmo impulso vital, do passado, a levar de um lado ao chimpanzé e do outro ao ser humano. O impulso vital bergsoniano implícito na matéria lembra um pouco aquela conjectura de Lamarck da qual já havíamos falado, reprovada no século XX no contexto científico, na qual nos viventes está implícito um íntimo estimulo à transformação que se mostra sempre mais complexo nas gerações sucessivas.

Ainda que no início estivesse muito interessado nas ideias evolucionistas de Bergson, Pierre Teilhard de Chardin se distanciou rejeitando o dualismo bergsoniano e permanecendo firme em seu monismo cristão. Ele tinha constatado que nada demostrava que o espírito vital bergsoniano correspondesse a uma ideia inteligente criadora implícita na matéria, ideia que, segundo Henry-Louis Bergson não conduzia a evolução biológica a um fim: para Teilhard de Chardin aquele impulso vital não podia depender, até prova contrária, que não foi fornecida, da mera potencialidade da matéria.

Padre Pierre tinha colocado em evidências em suas obras, segundo o Cristianismo, o finalismo do universo em que a matéria foi criada voltada para os viventes, os viventes ao *Homo sapiens sapiens*-Adão, esses em vista do homem Jesus, e em que Jesus Cristo homem e Deus se encarnou para a salvação eterna da espécie humana; e ainda pouco antes da sua morte tinha destacado esse conceito na obra "Le Phénomène Humain"[42]. Ele foi inspirado não pelo darwinismo nem pelo

---

[42] A primeira edição do "Le phénomène humain" é do ano seguinte, da Les Éditions du Seuil, Paris, 1956. A última edição italiana enquanto estou

neodarwinismo com a sua teoria sintética, compreendido pelos colegas paleontólogos desse religioso dos quais, como cristão, padre Pierre rejeitava o materialismo, mas pelas ideias de Lamarck o qual, como sabemos, tinha conjecturado, ainda que não segundo uma ótica religiosa sendo ele um materialista iluminista, que nos seres viventes tivesse um pequeno impulso de transformação tendente à perfeição, como em seguida haveria analogamente suposto Bergson com seu impulso vital. O lamarckismo era menos distante do neodarwinismo, da ideia teilhardiana de evolução finalística através do objetivo preciso do Cristo Pantocrator, o Senhor do Universo. Teilhard de Chardin era defensor daquilo que chamava *ortogênese*, considerando um tipo de raio evolutivo lançado por Deus. Tratava-se de um finalismo que se desenvolvia através da influência de causas secundárias físicas e biológicas que a ciência paleontológica podia localizar e analisar, predeterminado, porém no plano do Ser, da causa primária, da vontade divina.

Assim como Karl Rahner, Pierre Teilhard de Chardin também tinha começado a desejar a retirada dos obstáculos do caminho da fé, devido à situação sociocultural da época, jamais voltada à secularização, sobretudo por causa de certas descobertas científicas; em particular foi impulsionado pela inquietude nos crentes mais cultos pela descoberta, no século XX, do segundo princípio da termodinâmica, ligada à linha do tempo, pela qual qualquer sistema macroscópico – não microscópico – passa sempre de um estado ordenado a um estado desordenado, onde as transformações de cada sistema

---

escrevendo é: Pierre Teilhard de Chardin, "Il fenomeno umano", trad. di F. Mantovani, Brescia, 3ª ed., 2006. A obra, reproduzida anastaticamente em formato eletrônico, pode também ser adquirida gratuitamente, em vários formatos, no site da UQAC, "Université di Quebec à Chicoutimi", conectando-se à seguinte página da internet:
   http://classiques.uqac.ca/classiques/chardin_teilhard_de/phenomene_humain/phenomene_humain.html

físico macroscópico, e portanto de todo o cosmo, vem em uma só direção, a da máxima desordem (entropia). Escrevia que o problema a resolver era aquele de "*conciliar praticamente o natural e o sobrenatural em uma única e harmoniosa orientação da atividade humana*"[43]; e era a entropia que aparecia em primeiro lugar aos menos preparados religiosamente, em contraste com a visão, na Gênesis, de Deus satisfeito com a qualidade de seu universo.

> Na alegoria da Gênesis, Deus se compraz de sua criação, antes que Adão cometa o pecado, não depois, um pecado que leva não só a vida do homem ao sofrimento e à morte, mas que causa no mundo uma desordem geral.

Em segundo lugar, a entropia parecia contrária à ideia cristã do cosmo criado por meio da segunda Pessoa trinitária, aquele Filho que é a negação da desordem porque é o Logos, é a Razão absoluta; porém o próprio Cristo, segundo a Revelação cristã, com a sua vinda à Terra direciona a ordem, mas a uma ordem cósmica que não é instantânea e será atingida no fim dos tempos, sendo a liberdade deixada por Deus a cada ser humano, a qual comporta também o pecado de cada *adão*. Encontra-se no Novo Testamento, na primeira carta de São Paulo aos Romanos:

> "Por isso, a criação aguarda ansiosamente a manifestação dos filhos de Deus. Pois a criação foi sujeita à vaidade (não voluntariamente, mas por vontade daquele que a sujeitou), todavia com a esperança de ser também ela libertada do cativeiro da corrupção, para participar da gloriosa liberdade dos filhos de Deus. Pois sabemos que toda criação geme e sofre como que dores de parto até o presente dia" (Romanos 8, 19-22).

---

[43] Cfr. N. M. Wildiers, Introduzione a Teilhard de Chardin, traduzido do francês por Caterina Conio, Milano, 1966.

Padre Pierre tinha, portanto, pensado em remover a inquietação dos crentes cultos, mas inexperientes em teologia, que em muitos casos tinham provocado a sua queda no pessimismo e na descrença, apresentando a eles, teologicamente, uma evolução que por vontade divina havia conduzido ao *Homo sapiens sapiens* e à sua consciência humana; e apesar da entropia, uma vez que junto às mentes humanas constituem, de certa maneira, a mente do universo, se tratava afinal de contas de um progresso para o cosmo que, de Adão em diante, poderia refletir sobre si. Para Teilhard a evolução do homem ainda continuava, mas agora somente no mundo do espírito humano que chamava a *noosfera*[44]. Para esse teólogo tal processo era irreversível permanecendo em ação a obra do Espírito, na qual a evolução cósmica que incluía a biológica e elevava a biosfera à unidade orgânica sempre mais complexa, passando pelo homem e indo além, para a noosfera, para atingir por si a espiritualização plena, a Cristosfera, de outro lado, a matéria por causa da entropia era conduzida a estados de desagregação. Segundo padre Pierre travava-se do cristão aceitar as relações entre a Pessoa do Homem-Deus e o universo criado pelo Pai através do próprio Filho com intervenção do Espírito Santo (as duas *Mãos divinas* da qual tinham metaforicamente falado antigos escritores da *Igreja*) estabelecendo, da ótica evolutiva, a posição e a função centralíssima de Cristo na história do universo em que a Terra era apenas um pequeno planeta com uma biosfera na qual se realizava, segundo esse teólogo seguramente por vontade

---

[44] Em ambiente leigo a palavra noosfera indica a esfera do pensamento humano que constitui a terceira fase do desenvolvimento do nosso planeta, sucessiva àquela da matéria inanimada, geosfera e a posterior à matéria vivente, a biosfera. O termo noosfera se origina da união da palavra grega νους (transliterado usualmente em italiano como nous, mas se pronuncia preferivelmente como nus) que significa em essência mente, e de esfera, em analogia às palavras biosfera e atmosfera.

divina, o processo maravilhoso da hominização. Tratava-se ainda uma vez do antigo problema das relações entre Deus e o mundo, já enfrentado pelos padres da Igreja. Pierre Teilhard de Chardin conhecia bem e estava familiarizado com a história do Cristianismo, como relata o seu especialista Norbertus M. Wildiers[45], que "*nessa religião tem uma Pessoa, a pessoa do Cristo, que ocupa um posto central. O Cristo não é só o fundador e o anunciante de uma mensagem; é ao mesmo tempo o conteúdo de tal mensagem. Tornam-se cristãos não porque se adere a uma certa doutrina e se pratica uma certa moral, mas sobretudo unindo-se, "incorporando-se" a Ele. Tal pessoa além disso prenunciou o seu retorno no fim dos tempos, como coroamento e conclusão da história. Em seguida àquele prenúncio o Cristianismo orienta os fiéis não para o passado, mas em direção ao porvir, e ensina a eles a viver com o olhar voltado para o glorioso Cristo da Parusia. O retorno glorioso do Cristo deve ser preparado com a lenta construção do seu Corpo místico* (se fala aqui da renovação e da purificação contínua da Igreja, como é na Tradição segundo o princípio – Ecclesia semper renovanda et purificanda, N.d.A.) *uma vez que o Cristo total consiste exatamente na união da humanidade redimida com Ele: – Cristo total, cabeça e corpo (S. Agostinho). O mundo constitui o "pleroma" do Cristo, no qual tudo que se encontra no céu e sobre a terra virá recapitulado e colocado novamente sob um único Chefe, o Cristo, e assim unificado para sempre. A lei suprema da moral cristã se resume no amor ao próximo. O cristão não pode contentar-se em não prejudicar o próximo (amor passivo), deve ao invés, esforçar-se para fazer o bem e de aumentar a felicidade e o bem estar de toda a humanidade (amor ativo). Esses elementos são peculiares do Cristianismo e o distingue das outras religiões"*. Para o padre Pierre, o Cristianismo estava em perfeita harmonia com todo o mundo,

---

[45] N M. Wildiers, op.cit.

segundo as suas palavras constituía uma harmonia de ordem superior, era o coroamento de tipo espiritual da evolução cósmico-biológica[46]. Desenvolvendo uma filosofia de natureza aristotélica, Chardin chegou a formular sua lei de complexidade crescente, segundo uma contemplação evolutiva do criado que tinha algo de místico; ele via a natureza de todos os viventes como aquela de organismos preparados por Deus, segundo os seus inumeráveis fins, a autonomia e a duração em direção ao Ser, estando todas as espécies viventes coligadas com uma única *árvore filogenética*[47] considerando a origem de todos os organismos da primeira célula vivente); padre Pierre tinha de fato bem presente o capítulo 8 da carta paulina aos Romanos[48] onde se lia: "*Por isso, a criação aguarda ansiosamente* [...], *todavia, com a esperança de ser também libertada do cativeiro da corrupção, para participar da gloriosa liberdade dos filhos de Deus*". Enquanto para Charles Darwin falar de progresso e de uma espécie superior não tinha significado, para Pierre Teilhard de Chardin, tinha. Para ele tudo era conduzido diretamente por Cristo, o *Cristo evolutor*, passando pela hominização e visando o ponto Ômega, em uma pneumatização de todo o cosmo, a noosfera sempre mais espiritual visando o ponto de chegada perfeito da Cristosfera, da Parusia, isto é, do segundo retorno triunfante de Cristo do fim do mundo. Este cientista e teólogo tinha bem presente que para a Igreja, Cristo é o *Rei do universo* e São Paulo deixava claro na carta neotestamentária aos Colossenses afirmando a dimensão universal da Redenção; Paulo escreveu sobre Cristo: "*Ele é a imagem de Deus invisível, o Primogênito de toda a criação. Nele foram criadas todas as coisas no céu e na terra, as criaturas visíveis e as invisíveis. Tronos, Dominações,*

---

[46] Analogamente, para os antigos apologistas e para os padres da Igreja o próprio Cristianismo foi o coroamento da filosofia grega.
[47] Considerando a origem de todos os organismos das primeiras células viventes.
[48] Romanos 8, 19-22

Principados e Potestades: tudo foi criado por ele e para ele. Ele existe antes de todas as coisas, e todas as coisas subsistem nele. Ele é a Cabeça do corpo, ou seja, da Igreja. Ele é o Princípio, o primogênito dentre os mortos e por isso ocupa o primeiro lugar em todas as coisas. Porque aprouve a Deus fazer habitar nele toda a plenitude e por seu intermédio reconciliar-se com todas as criaturas, por intermédio daquele que, ao preço do próprio sangue na cruz, restabeleceu a paz em tudo quanto existe na terra e no céu"[49]. Agora Teilhard se referia aos versículos 28-30 do já citado capítulo 8 da carta de São Paulo aos Romanos: "*Aliás, sabemos que todas as coisas concorrem para o bem daqueles que amam a Deus, daqueles que são os eleitos, segundo os seus desígnios. Os que ele distinguiu*[50] *de antemão também os predestinou para serem conformes à imagem de seu Filho, a fim de que este seja o primogênito entre uma multidão de irmãos. E aos que predestinou*[51] *também os chamou e aos que chamou, também os justificou; e aos que justificou, também os glorificou*". Além disso, Teilhard tinha em evidência o Evangelho segundo João, onde era apresentada, entre outros, a promessa de Cristo: "*E quando eu for levantado da terra, atrairei todos os homens a mim*"[52] e também o prólogo do quarto Evangelho, em particular onde se lê: "*E o Verbo se fez carne (sarx)*"[53], isto é, se encarnou no homem Jesus, naquele específico *Homo sapiens sapiens* nazareno, naquele menino que, segundo a fé cristã, uma vez crescido teria ensinado com o exemplo e com a palavra o amor por todos, até pelos inimigos[54]

---

[49] Colossenses 1, 15-20

[50] Isto é na sua onisciente previdência

[51] No sentido de querer a salvação eterna de todos os seres humanos, não de escolher alguns e outros não, como ao contrário se interpreta em certas áreas cristãs não católicas e predestinacionistas

[52] João 12,32

[53] João 1,14

[54] O amor ao próximo era já obrigação religiosa entre os hebreus crentes, mas antes de Jesus no conceito de próximo não estavam inclusos os inimigos, como,

e seria morto em uma cruz por causa, em primeiro lugar, das ásperas críticas que revoltaram os poderosos de Israel; mas que segundo os sucessivos testemunhos de seus apóstolos diretos e discípulos, muitos dos quais teriam perdido a vida por causa das críticas, teria ressuscitado após a morte abrindo para os homens a via do transcendente, a despeito da sua bestialidade natural, isto é, malgrado aquele corpo humano animal-psíquico de que fala São Paulo na 1ª carta aos Coríntios. Teilhard escrevia: "O Cristo hic et nunc (aqui e agora) *tem por nós a posição e a função do ponto Ômega.* [...] *A essência do Cristianismo não é nem mais nem menos que a crença na unificação do mundo em Deus por meio da encarnação*"[55]. Em outras palavras, na sua teologia o Reino de Deus se concretiza na evolução cósmica e biológica levando ao nascimento de Jesus Cristo e se concluindo na Cristosfera, isto é, no retorno de Cristo no fim dos tempos naquela Parusia que o padre Pierre também chama de o ponto Ômega da evolução. Para ele, porém, Cristo está unido ao universo não somente no sentido moral e jurídico, mas estruturalmente e organicamente como ele acreditou poder deduzir da carta paulina aos Colossenses, a qual diz que, até a Criação, o mundo era orientado por Cristo, que *tudo tinha sido criado por ele*[56]: será esse o motivo, como veremos em breve, que condenou em 1962 a sua teologia, julgada pelo Santo Ofício, talvez muito rapidamente? Para esse teólogo o mundo encontra coerência em Cristo e o ponto Ômega é quando transmite a toda a evolução cósmica a sua unidade final, na qual converge toda a história universal e em que a multiplicidade se concentra na unidade: como disse o Evangelho, Cristo é pedra angular[57] do plano de Deus para o

---

por exemplo, os samaritanos e os habitantes romanos.

[55] Reportado por N. M. Wildiers, op. cit.

[56] Colossenses 1,16

[57] "A pedra rejeitada pelos arquitetos tornou-se a pedra angular. Isto foi obra do Senhor, é um prodígio aos nossos olhos" (Salmo 117, 22-23); e se encontra no

mundo. E como escreveu São Paulo na carta aos Colossenses[58], *todas as coisas nele consistem*, tudo é nele unificado e somente Cristo é o verdadeiro sentido da história do mundo: o mundo inferior ao homem é voltado ao homem, o homem a Cristo e Cristo a Deus, isto é na linguagem teilhardiana "*a cosmogênese termina por meio da biogênese, na noogênese: a noogênese encontra todavia a sua realização na Cristogênese*"[59].

Como escreveu o crítico e palestrante teilhardiano Norbertus M. Wildiers, para o padre Pierre "*o mundo passa de situações imperfeitas a outras mais perfeitas. [...] Todavia, [...] uma vez que a evolução se junta à fase do homem, dotado de consciência reflexa e de liberdade, o mal moral também entra no mundo. Uma vez que o homem é ainda esse ser imperfeito e incompleto. Visto que não terá alcançado o seu último destino, o pecado se manterá. Mas se elevarmos a sua consciência e a sua liberdade, mais aumentará a sua consciência, tanto no bem como no mal. [...] Teilhard reconhece não só a existência do mal, mas o mal, na sua concepção, adquire uma dimensão cósmica uma vez que constitui um fenômeno inevitavelmente coextensivo a toda a evolução, em um mundo que deve buscar o seu aperfeiçoamento através de uma luta lenta e difícil. O seu otimismo não é o resultado de uma subestimação do mal no mundo, mas deriva da convicção que no fim o mal será vencido pelo bem*".

Chardin era fiel aos dogmas da Igreja, inclusive a verdade revelada sob o pecado original, que ele acolhia segundo a carta de Paulo aos Romanos (3, 19-26), que o Concílio Ecumênico de Trento tinha indicado, séculos antes, como fonte precisa daquele dogma:

Novo Testamento, com referimentos precisos ao Cristo da pedra rejeitada na 1ª carta de Pedro, 2, 1-8 e o Evangelho de Mateus 21, 42.
[58] Colossenses 1,17
[59] N. M. Wildiers, op. cit.

São Paulo escreveu: "*Ora, sabemos que tudo o que diz a lei, di-lo aos que estão sujeitos à lei, para que toda boca fique fechada e que o mundo inteiro seja reconhecido culpado diante de Deus. Porquanto pela observância da lei nenhum homem será justificado diante dele, porque a lei se limita a dar o conhecimento do pecado. Mas, agora, sem o concurso da lei, manifestou-se a justiça de Deus, atestada pela lei e pelos profetas. Esta é a justiça de Deus pela fé em Jesus Cristo, para todos os fiéis.* **Pois não há distinção: com efeito, todos pecaram e todos estão privados da glória de Deus**, *e são justificados gratuitamente por sua graça; tal é a obra da redenção, realizada em Jesus Cristo. Deus o destinou para ser, pelo seu sangue, vítima de propiciação mediante a fé. Assim, ele manifesta a sua justiça; porque no tempo de* **sua paciência, ele havia deixado sem castigo os pecados anteriores**. *Assim, digo eu, ele manifesta a sua justiça no tempo presente, exercendo a justiça e justificando aquele que tem fé em Jesus*": Paulo vos apresenta o conto genésico do pecado de Adão (recorda o que significa O Homem e que a figura adâmica é símbolo dos seres humanos de cada geração), mas evidencia o aspecto da solidariedade no mal de todo o gênero humano, de fato o mal que cada pessoa encontra nos pecados individuais derivados da liberdade concedida por Deus, como a Gênese evidencia a propósito do primeiro pecado, o pecado original de Adão.

Padre Teilhard acolhia ainda o dogma sobre o inferno que ele considerava uma realidade que conferia ao cosmo uma particular gravidade, ligada à liberdade humana suscetível de tentação ao mal, na possibilidade do drama definitivo e irremediável do pecador impenitente, por sua livre escolha de ódio contra Deus; padre Pierre não era, portanto, um teólogo místico pleno de otimismo naturalístico a todo custo, como alguém acreditou sê-lo, mas um homem e um cristão bem ciente do tormento existencial do pecado e da dor.

Uma vez que Pierre Teilhard de Chardin reconhece na

evolução um projeto inteligente e organizado, de origem divina, que induz à energia (outro aspecto da matéria) de que foi feito o universo, um organizar-se de forma sempre mais alta e complexa sobre a Terra, até o homem e a Cristo, trata-se para ele de *santa evolução* e de *santa matéria*, de *potência espiritual da matéria*, estando presente ainda Paulo da carta aos Romanos, que escrevia: *"Sei, estou convencido no Senhor Jesus de que nenhuma coisa é impura em si mesma; somente o é para quem a considera impura"*[60]. Teilhard via também na matéria a elevação harmoniosa das almas (almas em significado paulino, isto é, no sentido psíquico), tendo bem evidente a 1ª carta aos Coríntios, que fala de corpo material (ao pé da letra: animal) psíquico, isto é um corpo humano expressando sua psique individual, uma mente própria; poder-se-ia talvez dizer: junto a um inseparável sínodo humano, como aquele aristotélico, mas não mortal como em Aristóteles, mas sim aberto à eternidade, ou em outras palavras, um corpo dotado de alma não espiritual mas psíquica e, todavia, atenção! graças a Cristo, aquela pessoa sendo destinada a se transformar depois da morte, tornando-se espiritual, assim como prometido por Deus no Novo Testamento e nesse, em particular, na 1ª carta aos Coríntios; e para Teilhard não era a matéria e o espírito humanos, mas existia somente uma matéria que se transformava no fim do mundo em espírito emergente da própria Matéria, por ele escrita com maiúscula porque era uma realização do Espírito de Deus, e predestinada por ele a ser espírito, em uma manifestação de vontade vinda do divino e humano Senhor de todas as coisas, o Cristo Pantocrator: uma operação pancósmica.

> Um parênteses: Expostos os fatos, poderíamos ver um pouco nesse processo e em seu ponto de chegada à

---
[60] Carta aos Romanos 14,14

apocatástase sobre a qual escreveu o antigo escritor eclesiástico Orígenes (nascido entre 183 e 187 e falecido aproximadamente em 253): Orígenes se baseava na 1ª carta aos Coríntios, 15, 28, que afirma: *"E quando tudo estiver sujeito, então também o próprio Filho renderá homenagem àquele que lhe sujeitou todas as coisas, à fim de que Deus seja tudo em todos"*: para ele no fim dos tempos aconteceria a redenção universal, isto é, todas as criaturas seriam completamente reintegradas ao divino, mesmo o diabo e os amaldiçoados, entrosados platonicamente como almas espirituais viventes, para as quais as penas infernais seriam somente uma longuíssima purificação das almas, não do corpo. Segundo aquele escritor eclesiástico (não padre da Igreja como às vezes se lê), o modelo de Salvação não podia ser completo se faltasse entre os salvados ainda que só um ser vivente racional. A doutrina da apocatástase tinha sido aceita por outros antigos teólogos orientais, mas tinha sido condenada como herética pela Igreja, muito tempo depois da morte de seu autor, durante o V Concílio Ecumênico de Constantinopla de 553; de fato o inferno era, e é, um dogma. A condenação por outro lado tinha sido somente da doutrina daquele teólogo e não a sua nobre figura de crente, além do mais, morreu após frequentes torturas por testemunhar a própria fé em Cristo. Parece-me que seja mais interessante considerar não como o **inferno** foi entendido por Orígenes e pelos outros cristãos platônicos, mas como foi apresentado no Novo Testamento, no qual os 27 livros foram escritos no século I, quase todos entre os anos 50 e 100 – são citados em diversos documentos do século II –, e entender assim como foi visto na Igreja antiga. Digo que seria bom, como será claro daqui a pouco, falar do **inferno** – o mundo inferior –, isto é do submundo, e não do assonante inferno, palavra que relembra as imagens alegóricas de Dante. Nos Evangelhos Jesus fala de **geenna** enquanto o mesmo conceito é usado com a expressão **lago de fogo** no Apocalipse; e a geenna era um local próximo a Jerusalém onde se queimavam as sujeiras: uma vez que há dois mil anos atrás não se conhecia o princípio do *nada se cria e nada se perde*, pensava-se que quando se era queimado não existisse mais; então o inferno era o aniquilamento dos pecadores, era o não existir mais como pessoa, o ser sepultado, assim como era de uso hebraico para os cadáveres, e permanecer morto para a eternidade nos subterrâneos da terra. Em outras palavras, na Igreja das origens acreditava-se que um ser humano, isto é, um corpo animal-psíquico (citado na 1ª carta aos Coríntios), se não se arrependesse dos seus pecados não se transformava em espiritual e não era assumido no eterno Espírito de Deus, o impenitente ficava morto eternamente em sua tumba: inferno-inferior não vivido, morte eterna sem assunção a Deus. Somente após cerca de um século e meio do início do Cristianismo, com a platonização do mesmo, a alma humana viria entendida como espiritual-imortal desde o início da concepção da pessoa e se perderia de fato o conceito de transformação do salvado em espiritual somente no momento da morte, como recita muitas vezes a citada 1ª carta aos Coríntios neotestamentária; e ao fim do século II a *psique* paulina seria vista em essência como *pneuma*, isto é, como espiritual desde o início da existência de uma pessoa. Para aprofundar pode-se ler os meus ensaios divulgativos "La Trasformazione" e "Spirito, Anima, Persona dall'antichità greca ed ebraica al mondo cristiano contemporaneo", ambos distribuídos pela Tektime Editore, e também, fazer o download gratuito em e-book-pdf de, "È Uomo"[61]; nesse segundo trabalho cito entre outros um escrito da segunda metade do século II do apologista cristão Taciano, em que o conceito de morte eterna do pecador não arrependido é claríssimo (Taciano se tornará sucessivamente um herético gnóstico passando assim ao mais extremo espiritualismo, mas é outra história).

Aquela que o padre Pierre chamava *l'Etoffe de l'univers*, o Tecido do Universo, era a Matéria-Espírito. A matéria era verdadeiramente central para ele. Em 1950 Pierre Teilhard de Chardin tinha também escrito uma espécie de autobiografia

---

[61] Para fazer o download dirija-se ao site do autor na página: http://www.pagliarino.com/myebooks.htm

científico-espiritual centrada no "Le coeur de la matière"[62], trabalho que seria publicado somente em 1976 no âmbito da edição completa *Oeuvres* organizado pelo renomado teólogo Wildier. O autor confessava naquela obra como a ciência e a teologia convergiam com ele em uma síntese espontânea, assim como a matéria e espírito; e ele concluía a obra com uma Prece a Cristo.

Teilhard tinha expressado, rapidamente, as próprias ideias teológicas em muitos trabalhos, todos deixados por ele prudentemente inéditos e publicados após a sua morte por seus admiradores, com grande sucesso até entre o público profano: não continham somente críticas previsíveis ao ambiente científico neodarwinista, mas também suspeitas no ambiente eclesiástico, no início dos anos 1960, sobre a ortodoxia dos seus ensaios teológicos: no início houve uma forte reação de respeito "La Civiltà Cattolica" revista conduzida desde a fundação em 1850 por religiosos jesuítas, o próprio padre Pierre tinha sido jesuíta; em 1962 as obra teológicas teilhardianas foram sancionadas por um Aviso do Santo Ofício[63,] que, resguardando a figura cristã do autor, acusava os

---

[62] Edição italiana: Pierre Teilhard de Chardin, "Il cuore della materia", prefácio de N. M. Wildier, tradução de A. Daverio, Brescia, 2007 - incluído na nota de rodapé o testamento cultural e espiritual do autor, "Il cristico", escrito apenas um mês antes da sua morte.

[63] Aviso do Santo Ofício reportado no L'Osservatore Romano, de 30 de junho de 1962 e encontrado hoje na internet. Em suma, aquele Aviso afirma que é necessário discordar de Teilhard em todos os casos em que a opinião do autor, do simples campo científico se estendendo até o da filosofia e da teologia; diz que os seus escritos teológicos exalam na realidade a atmosfera das ciências naturais e não a da teologia e que se trata de uma falha metodológica grave e fundamental, porque Teilhard fez muitas transposições impróprias sobre o plano metafísico e teológico dos termos e dos conceitos da teoria evolucionista; O Aviso afirma que não está claro o aspecto da casualidade eficiente (que cria o ser) começando pelo conceito de Criação que retorna frequentemente à expressão "Union créatrice" – União criadora: as palavras e frases que se referem em francês são as não traduzidas no Aviso, as respectivas traduções são minhas N.d.A. –, e afirma que é verdade que a criação não se opõe à unificação, mas não é formalmente unificação; o Aviso observa ainda que outro conceito

seus ensaios teológicos de conterem "ambiguidades e erros tais que ofendiam a doutrina católica", isso não pelo fato de que esses continham sem dúvida ideia evolucionista, já reconhecida pela da Igreja como hipótese, mas pelo panteísmo que lhe parecia implícito.

Como já tínhamos visto, aquelas acusações não tinham sido feitas naquela ocasião ao teólogo professor Ratzibger, ainda

familiar a Teilhard é o "Néant" – o Nada – apresentado de maneira que deixa perplexos os membros do Santo Ofício porque parece que o teólogo pensa, a uma certa altura, em qual seria a necessidade da criação, contra os Concílios Laterano IV e Vaticano I que falam da absoluta liberdade do ato criativo; além disso, em sua concepção das relações entre o Cosmo e Deus, Teilhard de Chardin tem, segundo o Santo Ofício, pontos fracos que não podem ser omitidos, a impressão é de que o autor queria exprimir não um ponto de vista limitado do nosso conhecimento, mas uma realidade que toca Deus e afirma que Deus, de uma certa maneira, muda, se aperfeiçoa, incorporando em si o mundo; o autor, pois, segundo o Aviso, usa o termo "complexité" – complexidade – e a expressão "Unité complexe" – Unidade complexa – significados que trazem ambiguidade e podem causar equívocos perigosos, diferentes de qualquer acepção comum; para ele o ponto Ômega é ao mesmo tempo o Cristo ressuscitado: "Le Christ de la Révélation n'est pas autre que l'Oméga de la Evolution [...] le Christ sauve. Mais ne faut-il pas ajouter immédiatement qu'il est aussi sauvé par l'Evolution?" – O Cristo da Revelação não é outro senão o Ômega da Evolução [...] o Cristo salva, mas não é preciso acrescentar imediatamente que ele foi salvo pela Evolução? –; os autores do Aviso concluíram com um ponto exclamativo a suas considerações de que Teilhard disse "en sens vrai" – no verdadeiro sentido – a propósito de uma suposta "troisième nature"– terceira natureza – do Cristo, não humana, não divina, mas cósmica! Esses declararam porém que não queriam tomar ao pé da letra a expressão "en sens vrai" enquanto se trataria de uma verdadeira heresia; em cada caso, são palavras que segundo eles aumentam a confusão, tornando fácil e até mesmo lógico a ligação necessária entre as suas Criação, Encarnação e Redenção: de certo modo Teilhard coloca no mesmo plano da Evolução esses três mistérios: para o Santo Ofício nele não é clara a distinção e diferença entre ordem natural e ordem sobrenatural e é impossível ver como se possa dessa maneira salvar, logicamente, a total espontaneidade dessa última ordem e ainda da beleza. Além disso, segundo o Aviso, Teilhard não conhece claramente nem mesmo os profundos limites existentes entre matéria e espírito, limites que impediram, é verdade, as relações entre as duas ordens (consideravelmente unidas no homem), mas que assinalam as suas essenciais diferenças: escreve Teilhard: "Il n'y a pas, concrètement, de la Matière et de l'Esprit, mais il esiste seulement de la Matière devenant Esprit. Il n'y a au Monde, ni Esprit, ni Matière: l'Etoffe de l'Univers est l'ESPRIT-MATIERE. Aucune autre substance que se ele tivesse expressado prudência em relação a certo léxico teilhardiano, não teológico e um pouco ambíguo; as mesmas acusações do Santo Ofício teriam sido além disso substancialmente rejeitadas, ainda se não oficialmente, em uma carta escrita por ocasião do centenário do nascimento de Pierre Teilhard de Chardin, em 1981, pelo então Secretário de Estado Vaticano cardeal Agostino Casaroli e expedida ao bispo Paul Joseph Jean Poupard, mais tarde cardeal (1985), onde se elogiava o fervor religioso de Teilhard e a sua riqueza de pensamento, auspiciando um sereno estudo crítico de seus trabalhos teológicos.

O fato de que a teologia então dominante fosse a tomista e não a escotista franciscana à qual Teilhard de Chardin fazia referimento, incentivou a aversão à "Civiltà Cattolica" e a sucessiva condenação pelo Santo Ofício, ainda mais pelo fato, diziam, que em seguimento a aprofundados os estudos sobre a teologia do franciscano Duns Scoto.

---

que celle-ci ne saurait donner la molécule humaine" – Não existe, concretamente, Matéria e Espírito, mas existe somente Matéria que se transforma em Espírito. Não existe no Mundo, nem Espírito, nem Matéria: o Tecido do Universo é ESPÍRITO-MATÉRIA. Nenhuma outra substância além dessa poderá resultar na molécula humana –; verdade é, continua o Aviso, que a distinção essencial da matéria e espírito não está explicitamente definida, mas essa constitui um ponto da doutrina sempre ensinado na filosofia cristã, naquela filosofia que Pio XII na Encíclica *Humani Generis* chama "in Ecclesia receptam et agnitam", "aceita e reconhecida na Igreja"; e a mesma doutrina é explicitamente ou implicitamente pressuposta pelo habitual e universal ensinamento da própria Igreja; por isso justamente a mesma Encíclica reprova a posição contrária. A pessoa de Teilhard de Chardin é todavia mantida plenamente salva pelo Aviso, afirmando que se deseja admitir que Teilhard, pessoa privada, teve uma vida espiritual intensa e não se quer, evidentemente, fazer observações sobre a pessoa, mas ao método, ao pensamento: não se quer segui-los nem aprová-lo quando, na sua original ascensão, após Deus, coloca o Mundo em um lugar e em um valor muito alto; a sua caneta, sempre segundo o Aviso, cheia de entusiamo, o coloca muito mais ao lado do justo; conclui o próprio Aviso que no nosso século há uma extrema necessidade de autênticas testemunhas de Cristo, mas o desejo é que essas não se inspirem no sistema científico-religioso de Teilhard.

Como havia escrito em outra parte[64], "*Para o tomismo a encarnação do Filho-Logos não era prevista no Projeto inicial do universo e se Adão não tivesse pecado não teria havido a Encarnação: segundo a perspectiva de Tomás de Aquino e dos seus seguidores, era necessário distinguir claramente a ordem da Criação daquela da Revelação e era somente acidental a relação entre Cristo e o universo. Todavia, para os tomistas não era e não é fácil entender porque Cristo nunca foi o próprio Rei do universo, dado que Ele aparece na sua concepção somente como o Redentor da humanidade pecadora e não tem uma função orgânica no complexo de ordem cósmica. Ao invés, para a visão escotista franciscana, Cristo é o coroamento não somente da ordem sobrenatural, mas também da natural e o cosmo é orientado por ele, antes da queda do Homem, como sua natural realização, onde a própria ordem da Criação é inconcebível sem Cristo: em outras palavras, para o escotismo a Encarnação não deriva do pecado de Adão, não é alguma coisa cujo o Logos se sujeita, mas preexiste ao pecado e a Criação no próprio projeto do mesmo Logos, termo que significa não somente Palavra e Razão, mas também Projeto ou Plano.* **Então Cristo teria encarnado ainda se Adão não tivesse pecado**. *O principal ponto de referimento para Duns Scoto é a carta de São Paulo aos Efésios, capítulo 1, 3-10, e sobretudo este último versículo: "Bendito seja Deus, Pai de nosso Senhor Jesus Cristo, que do alto do céu nos abençoou com toda a benção espiritual em Cristo, e nos escolheu antes da criação do mundo, para sermos santos e irrepreensíveis, diante dele na caridade. Com seu amor* **nos predestinou** *a sermos adotados como seus filhos através de Jesus Cristo, segundo o beneplácito de sua livre vontade. E isso para louvor e gloria da sua graça, que se manifestou em seu Filho predileto; no qual temos a redenção mediante o seu sangue, a remissão dos pecados segundo a riqueza da sua graça. Nesse Filho, pelo seu sangue, temos a Redenção, a remissão dos pecados, segundo as riquezas da sua graça que derramou profusamente sobre nós, em torrentes de sabedoria e de prudência. Ele nos manifestou o misterioso*

---

[64] È Uomo, cit.

> *desígnio de sua vontade, que em sua benevolência formara desde sempre, para realizá-lo na plenitude dos tempos - desígnios de reunir em Cristo todas as coisas, as que estão no céu e as que estão na terra".*

As principais dúvidas do Santo Ofício eram em relação à terminologia excêntrica usada pelo autor, com expressões como *Super Cristo*, Cristo universal, *Cristo Evolutor*, estranhas à linguagem teológica da sua época, que ainda era a da Escolástica medieval. Algumas de suas afirmações parecem, estando de forma simples, meramente panteísta, como exemplo "[...] *de modo misterioso, mas real, ao contato da substancial Palavra, o Universo, imensa Hóstia, se tornou Carne mediante a tua Encarnação*", e isso pode significar alguma coisa de obvio e aceitável, quer dizer que, encarnando-se, o Filho-Cristo assumiu a matéria do próprio corpo do universo por meio da alimentação umbilical intrauterina e depois diretamente, após o nascimento, mas sem dúvida também poderia ser escandalosamente entendido como o Cristo-Universo em evolução, isto é, um cosmo envolvente do tipo panteísta. Muitíssimos outros exemplos poderiam ser encontrados nos escritos teilhardianos, sobretudo nos mais místicos o que, porém, nos faz suspeitar que nesses o lirismo (o êxtase, talvez?) tivesse superado as intenções do autor. Ainda alguns exemplos: "*Como o pagão, adoro um Deus palpável. Esse Deus, consigo até tocá-lo, em toda a superfície e em toda a profundidade do Mundo da Matéria que me envolve*"; "[...] *eu acredito firmemente que, entorno a mim, tudo é o Corpo e o Sangue do Verbo*"; a propósito do fim do mundo, isto é, do termo Ômega usado para indicar o término da evolução cósmica e a Parusia: "*Sobre aquele que tiver amado apaixonadamente, Jesus nascido nas forças que fazem morrer a Terra, a Terra deslocando-se menos fechará os seus braços gigantescos; e assim, ele despertará no seio de Deus.* [...] *Todos nós estamos irrevogavelmente imersos em Ti, Ambiente universal de consistência e de vida!* ". ". Em particular Teilhard usa em muitas partes de suas obras a expressão potência espiritual da Matéria e a palavra energia; eis alguns casos[65]: "*Ó Energia do meu Senhor, força irresistível e vivente* [...]", "*Pela virtude da tua dolorosa Encarnação, revela-nos, e depois ensina-nos como receber precisamente de ti, a potência espiritual da matéria*"; "*Sem dúvida, Energia material e Energia Espiritual estão ligadas por alguma coisa, e se prolongam mediante alguma coisa. Ao fim devemos ser, de qualquer modo, uma Energia única que anima o Mundo*"; "*Sim, o Senhor* [...] *mesmo vivifica para mim, com a tua onipresença, as miríades de influências das quais, a cada momento, eu sou o objeto.* [...] *Pela sua própria natureza, estas afortunadas passividades que são para mim a vontade de ser, a tendência a ser isso ou aquilo, e a oportunidade de me realizar segundo a minha tendência, são já dignos de teu influxo, um influxo que em breve me aparecerá mais precisamente como a energia organizadora do Corpo místico*"; "[...] *a Fé cristã se revela como uma "Energia cósmica" extremamente realística e compreensiva*".

Aqueles que tinham conhecido o autor testemunhavam, todavia, que ele não tinha sido um panteísta e que, ainda, deveria ter se expressado, sim, nos casos contestados, com pouca clareza, mas acreditando de maneira ortodoxa que, se era verdade que Deus se encontrava *no* próprio criado, ele não coincidia em nada com o cosmo ou com suas leis. Talvez ainda para aquelas testemunhos somente os escritos tinham sido condenados como hereges e não a pessoa do autor, assim o Santo Ofício tinha elogiado a sua fé pessoal.

---

[65] Da, di Pierre Teilhard de Chardin, L'inno dell'universo, trad. Ferdinando Ormea, Milano, 1972.

Talvez o pensamento de Teilhard de Chardin sobre o Cristo evolutor tenha sido mais do que um sólido sistema teológico, uma grande visão ascética e poética? Considerando a linguagem teilhardiana, em particular em certas obras ricas de lirismo como "L'inno dell'universo", poder-se-ia supor sem desvalorizar o mérito de ter apresentado de maneira original e nova, as relações entre ciência e fé, como por outro lado e sob outro aspecto pode-se dizer da teologia rahneriana. Sobretudo não esqueçamos que o pensamento teológico de Pierre, na essência, tinha tido como base a Revelação e em particular, como se viu, o Evangelho de João, as cartas paulinas aos Colossenses e aos Romanos, às quais poderemos ainda incluir aqui as cartas aos Gálatas porque Paulo afirma que todos os seres humanos são capazes e são voltados a se tornar um novo Adão[66], isto é, uma nova humanidade em que cada um não é por si mas para os outros no corpo místico de Cristo o qual virá de novo na glória e que aquele mesmo histórico Jesus que, até o momento, foi o único homem perfeito, isto é, plenamente direcionado ao bem dos outros.

Resta, todavia, em minha humilde opinião, o fato de que a linguagem poética e o ascetismo de Teilhard ofuscaram a cientificidade teológica de base da sua pesquisa cristã. Foi Rahner, que me pareceu o mais preciso entre os dois, com a sua teologia antropológico-transcendental que é concentrada na hominização, sem extrapolar em visões evolucionistas finalísticas, em direção ao espírito, relativamente ao homem e a toda a matéria universal.

Quanto à utilidade do sistema teilhardiano para a

---

[66] Gálatas 3, 28

evangelização na nossa sociedade ultracientífica, hipertecnológica e cientificista, não consigo entender de que maneira a visão do padre Pierre possa ser verdadeiramente útil à cristianização dos incrédulos ou, pelo menos, dos incertos, embora aquele impulso a tivesse movimentado. As suas obras teológicas, talvez ainda por causa de suas citações sobre *energia* cósmica, colocam em perigo, aliás, complicam a obra de recristinianização do Ocidente, dando involuntariamente alimento, se bem que hoje um pouco menos que nos últimos decênios, a àquilo que em outro lugar[67] tinha chamado *o minestrone New Age – Next Age*, impregnado com ideias de energias universais, mais que levavam a àquela evangelização racional que me parece hoje a única fértil.

Por outro lado pode-se perguntar se pelo menos aos crentes a visão teilhardiana se mostra útil como aperfeiçoamento do seu conhecimento cristão. Com toda humildade duvido também disso. Penso que, se for o caso, o cristão deva aprofundar o conhecimento testamentário nos livros divulgativos e conferências e, fundamentalmente, na leitura de um texto bíblico bem comentado, começando pelos livros neotestamentários e seguindo, por cada capítulo, até aos veterotestamentários mencionados ao lado dos organizadores. No que me diz respeito, sendo eu também um evolucionista teísta não me sinto particularmente interessado, diversamente da teologia rahneriana, na ideia do padre Pierre de uma evolução crística que, após ter levado o *Homo sapiens sapiens*, conduziria todo o gênero humano e todo o cosmo material à espiritualização. Eu seguramente penso que o crente, sem necessidade de visões evolutivo-místicas veja a obra de Cristo concluída com a sua morte e a sua ressurreição, isto é, com seu primeiro retorno, enquanto o segundo, a sua Parusia, chegará

---

[67]"Cristianesimo e Gnosticismo, 2000 anni di sfida", cit., parágrafo GNOSTICISMO E VOLGARGNOSTICISMO NEW AGE – NEXT AGE.

como julgamento para cada um na morte e, para todos, como Juízo universal; e na verdade, sempre naturalmente do ponto de vista da fé, para cada pessoa que no Juízo final é levada pelo individual, que morrendo se sai do mundo-tempo, da História, se desvincula do tornar-se e entra no tempo eterno, sem necessidade portanto de esperar uma apocatástase cósmica: um pouco como se todos, pelo fato de saírem do tempo com a morte, se encontrasse instantaneamente juntos em outro tempo; mas é também na fé cristã que estará a misericórdia de Cristo considerando atrair para si cada pessoa que, mesmo cheia de defeitos, anseie chegar até Ele. Cada *Homo sapiens sapiens* crente, no entanto, deveria do meu ponto de vista, dirigir no curso da própria vida terrena, a própria evolução, isto é, a própria elevação espiritual, ainda que se essa construção possa ser erguida proveitosamente, sempre segundo a crença cristã, não só atuando a vontade pessoal do bem, condição necessária porém insuficiente, mas graças essencialmente ao Cristo, pedra angular Cristo – que segundo o Cristianismo católico pós-conciliar, sustenta ainda a aspiração ao bem do crente não honesto –, isto é, graças ao único Salvador para todos como diz o Novo Testamento e, nele, como afirma o último livro bíblico, O Apocalipse, que é como uma síntese simbólica.

Sobre o Apocalipse e o ponto Ômega teilhardiano

Não existe no Apocalipse – isto é, Revelação – uma previsão do ponto Ômega do padre Pierre, não se fala de uma apocatástase evolutiva, a salvação já foi dada plenamente para qualquer um que a deseje. Aquele texto bíblico repete e repete aos cristãos de forma martelante, com alegorias diversas, o conceito da salvação esperada e depois unida graças a Cristo.

> O Apocalipse deve ser bem compreendido graça a hábeis exegetas, evitando assim cometer um equívoco sobre o suposto desastroso fim do mundo que aquele texto não contém. Para uma interpretação mais profunda, não somente das diversas imagens, mas da mensagem de fundo do último livro bíblico, pode-se ler, de Eugenio Corsini, "Apocalisse prima e dopo", Torino, 1980 e 1993, ensaio mais tarde reeditado pelo mesmo editor sob o novo título: "Apocalisse di Gesù Cristo secondo Giovanni", Torino, 2002. Para o professor Corsini, o Apocalipse fala em essência, em ondas alegóricas sucessivas, da promessa veterotestamentária, da expectativa e da vinda histórica de Cristo, o Salvador e Mediador entre Deus e os homens e da sua morte e ressurreição salvadoras. Uma alusão ao juízo final por acaso, sempre de forma simbólica e tendo presente o livro veterotestamentário de Daniel (em particular 7,13-34), presente também no Evangelho de Mateus, 25,31-46.

O apocalipse torna e retorna a mais repetições sobre o pecado adâmico – aquele arquétipo do pecado que, recordamo-lo, é também o pecado atual de cada adão de cada tempo, único mal verdadeiro porque é dar os ombros a Deus e à Vida – e o mesmo Apocalipse diz e repete a promessa divina do envio do Salvador, da expectativa veterotestamentária, da sua vinda e da encarnação e morte – o "cordeiro degolado" – e da ressurreição triunfante dele sobre o mal do pecado – o "cordeiro que está em pé". E graças a Jesus Cristo, a Cristosfera do padre Pierre agora já pode estar no coração humano; vimos que a teologia de Teilhard lembra a de São Paulo, e todavia o Apostolo dos gentios refere-se a Cristo, que Salvador desde a própria morte e ressurreição, e a sua imediata e imprevisível – como sabemos também dos Evangelhos –

Parusia final com a espiritualização em Deus naquele ponto, não pouco a pouco no tempo, dos salvos e de toda a criação, aqueles criados que ele, Deus, na Gênesis tinha julgado "bom" antes do pecado adâmico; em outras palavras, não uma regeneração progressiva da matéria no espirito, evolutivamente, mas sim uma apocatástase conclusiva, uma espiritualização instantânea de toda a criação em Deus-Filho, graças ao sacrifício acontecido na cruz, na História, por volta dos anos 30, do mesmo Jesus, o Salvador.

A sabedoria evangélica, apesar de tudo, sabe que cada adão, macho e fêmea, será sempre tendencialmente pecador em cada geração até o último dia da humanidade, porque tem em si o animal e isso porque, como afirma São Paulo, a pessoa é, nessa terra, um corpo animal psíquico, ou seja, um corpo fisicamente pertencente ao reino animal, cujo egoísmo bestial constitui um defeito de origem, do qual segundo o Cristianismo, o Filho se libertará; e a mesma sabedoria sabe ao mesmo tempo, que cada ser humano é tendencialmente santo, hoje, ontem, antes de ontem: cada pessoa de cada geração, seja essa cristã ou não, desde que com fé e voltada ao bem do próximo (São Paulo[68] e Concílio Ecumênico Vaticano II[69]), pode alcançar a santidade, assim, Deus deseja ardentemente que se santifique, como diz o Apóstolo dos gentios[70]; e assim já

---

[68] "Deus vido, que é o Salvador de todos os homens, mas sobretudo dos fiéis", 1ª carta a Timóteo, 4,10; ainda sim em primeiro lugar dos crentes, mas não somente deles.

[69] Desse concílio se pode recordar (reportar) consideração, em particular as seguintes proclamações (escolhas) dos bispos conciliares: a constituição pastoral "Gaudium et spes", 22; a constituição dogmática "Lumen Gentium",16: vos afirma em essência (SUBST, que, graça a morte redentora e à ressurreição do Cristo vindo para todos, as pessoas justas não cristãs são orientadas de fato, ainda que não... aquela Igreja mais ampla que é nota somente a Deus, que Jesus Cristo é o único Medidor-Salvador de todos os seres humanos de cada tempo; por isso mais se salvar também que não o conhece ou de boa fé não o reconhece como Salvador porque a sua pessoa não foi bem explicada.

[70] "Deus, nosso Salvador, que deseja que todos os homens se salvem e cheguem

foi feito e é, e será para tantos e tantos santos, seja para aqueles nos altares, entre os muitos, o ex-fornicador e beberão Santo Agostinho e o então ambicioso, vazio e boa-vida São Francisco de Assis, seja para os muitos outros de cada época por nós desconhecidos: do pecado a santidade do coração, um percurso de cada pessoa com a ajuda divina, não da espécie *Homo sapiens sapiens*.

---

ao conhecimento da verdade" - 1ª carta de Timóteo 2, 3-4.

10
Uma perspectiva grandiosa: a divinização de cada Homo sapiens sapiens

Para os evolucionistas cristãos, a plasmação do Homem no decorrer do tempo, por meio da lei divina da evolução pode ser lida de forma simbólica na Gênese: Adão é modelado pelo Criador no sexto *dia*, com a matéria que o próprio Deus criou anteriormente.

O pecado genesíaco de Adão macho e fêmea é o arquétipo do pecado de cada ser humano na História. Depois do primeiro pecado, no momento da expulsão do casal primogênito do Éden, entre o sofrimento e a morte, eis a promessa de Deus de enviar um Salvador que esmagará a cabeça do pecado e da própria morte, isto é, que Deus permitirá que aqueles seres humanos que desejem, ascendam ao seu Ser, apesar de serem pecadores.

> Pouco ou muito segundo a ótica cristã, cada ser humano tem defeitos, isto é, pecados em relação às decisões exemplares e ações morais do homem Jesus. É na experiência de cada pessoa a luta interna entre o desejo de fazer boas escolhas, sabendo que é a coisa certa, e o impulso de escolher egoisticamente, podendo dizer bestialmente, fazer o que lhe é conveniente mesmo quando é contra outros bens, como no caso da agressão a um próximo, ou quando é contra o próprio bem, como no caso de decisões adversas à saúde pessoal[71]; em cada sociedade

---

[71] A prevalência das más escolhas sobre as boas é expressa sinteticamente pelo próprio São Paulo na carta neotestamentária aos Romanos, em dois versículos: o apóstolo dos gentios, radicalizando ao máximo, coloca-se humildemente em primeiro plano, referindo-se a todos os homens: "Eu sei que em mim, isto é, na minha carne, não habita o bem, porque querer o bem estar em mim, mas não sou capaz de efetuá-lo; não faço o bem que quereria, mas o mal que não quero" (Rm 7, 18-19); "mas", São Paulo disse também na mesma carta, "Sobreveio a lei que abundasse o pecado, mas onde abundou o pecado, superabundou a graça" (Rm

a prevalência das más escolhas sobre as boas é expressa sinteticamente pelo próprio São Paulo na carta neotestamentária aos Romanos, em dois versículos: o apóstolo dos gentios, radicalizando ao máximo, coloca-se humildemente em primeiro plano, referindo-se a todos os homens: "Eu sei que em mim, isto é, na minha carne, não habita o bem, porque o querer o bem está em mim, mas não sou capaz de efetuá-lo; em cada sociedade predomina aquela que em seu livro "Os Pensamentos" o matemático, físico e teólogo Blaise Pascal chamava a "segunda natureza" humana; mas pela ótica evolucionista teísta, seria talvez o caso de falar de "primeira natureza" ou de "natureza bestial originária", herdada dos animais antecessores. O fato é que fomos criados capazes de pensar e de aspirar a Deus, e querer o bem não elimina a tentação ao mal que vem fisicamente da carne – quer dizer, teologicamente do diabo, o qual age sobre a fraqueza da carne – porque a tentação é condição insuprimível da liberdade humana que consiste na escolha moral ou imoral: sem a nossa fraqueza carnal não cairíamos em tentação, mas sem tentação não teríamos a liberdade de escolha moral ou não, e seríamos portanto marionetes de Deus sem nenhum valor: obviamente uma hipótese absurda para o crente, dado que segundo a Revelação, o Deus cristão é bom e é apresentado no Evangelho de Jesus com analogia fácil de se entender, como pai amoroso: Ele é o Pai, não o padrasto.

Sempre segundo os evolucionistas cristãos, do outro lado da alegoria bíblica o primeiro casal do gênero *Homo sapiens sapiens* vem ao mundo logo depois da *plasmação* divina da matéria em evolução, transitando da matéria bruta inanimada para as primeiras bactérias da *sopa primordial*, depois passando por vários animais sempre mais complexos e em seguida para os hominídeos, todos não dotados de alma-psique, e saltando – sem nenhum ser intermediário – para o

---

5, 20); em consequência da Redenção, onde apesar da bestialidade originária, graças a Cristo, o ser humano que deseja se divinizar é conduzido ao Ser eterno após a morte.

homem dotado de alma feito "a imagem e semelhança" de Deus e, neste ponto na História, unindo a concepção do homem-Deus Jesus Cristo o Salvador, o ponto mais alto da humanidade, que abriu a possibilidade de todos serem divinizados, a carta neotestamentária aos Hebreus diz: *"Para que santificador e santificado formem um só todo; por isso, (Jesus) não hesita em chamá-los de irmãos[72]"*; o corpo do primeiro *Homo sapiens sapiens*, de Adão pecador, não era diferente do de Jesus de Nazaré sempre vitorioso sob cada tentação pessoal e Salvador dos outros homens: como ele mesmo diz no quarto Evangelho, *"E quando eu for levantado da terra atrairei todos os homens a mim"*[73]; segundo a 1ª carta de João, depois da morte *"seremos semelhantes a Deus, portanto, o veremos como ele é"*[74]; e em São Paulo, *"todas as coisas foram criadas por ele e em sua presença"*[75].

---

[72] Hebreus 2,11

[73] João 12,32

[74] "Caríssimos, desde agora somos filhos de Deus, mas não se manifestou ainda o que havemos de ser. Sabemos que, quando isto se manifestar, seremos semelhantes a Deus, porquanto o veremos como ele é" (1 Giovanni 3, 2); se usa também dizer que seremos divinizados, ou que, mesmo mantendo a nossa personalidade, seremos divinos na segunda Pessoa de Deus, o Cristo eterno, graças aos méritos de Cristo encarnado.

[75] "Ele nos arrancou do poder das trevas e nos introduziu no Reino de seu Filho muito amado, no qual temos a redenção, a remissão dos pecados. Ele é a imagem de Deus invisível, o Primogênito de toda a criação. Nele foram criadas todas as coisas nos céus e na terra, as criaturas visíveis e as invisíveis. Tronos, dominações, principados, potestades: tudo foi criado por ele e para ele. Ele existe antes de todas as coisas, e todas as coisas subsistem nele. Ele é a Cabeça do corpo, da Igreja. Ele é o Princípio, o primogênito dentre os mortos e por isso tem o primeiro lugar em todas as coisas. Porque aprouve a Deus fazer habitar nele toda a plenitude e por seu intermédio reconciliar consigo todas as criaturas, por intermédio daquele que, ao preço do próprio sangue na cruz, restabeleceu a paz a tudo quanto existe na terra e nos céus. Há bem pouco tempo, sendo vós alheios a Deus e inimigos pelos vossos pensamentos e obras más, eis que agora ele vos reconciliou pela morte de seu corpo humano, para que vos possais apresentar santos, imaculados, irrepreensíveis aos olhos do Pai. Para isto, é necessário que permaneçais fundados e firmes na fé, inabaláveis na esperança do Evangelho que ouvistes, que foi pregado a toda criatura que há debaixo do céu, e do qual eu, Paulo, fui constituído ministro" (Colossenses, 1, 13-23).

Segundo uma perspectiva terrena: uma posterior evolução da espécie?

Da espécie *Homo sapiens sapiens* se desenvolverá talvez uma outra?
Segundo a ciência é possível, mas não é seguro, dadas as muitas espécies existente desde o início até hoje. Se por acaso fosse assim, não se trataria mais de Adão, mas de um outro ser e o projeto divino sobre aquele hipotético novo vivente seria algo que não diria respeito ao gênero humano. Todavia, se nos colocarmos sob um plano particular da fé cristã, devemos considerar que Deus é o homem na sua segunda Pessoa e não um tipo de ultra-humano.

Segundo o Cristianismo, Deus é homem glorioso, espiritual na sua eternidade sem princípio e assume a matéria se encarnando na História e tornando-se, como nós, um *Homo sapiens sapiens*, isto é, *um corpo humano psíquico*, segundo a 1ª carta de São Paulo aos Coríntios, depois da sua morte e ressurreição atrai para seu transcendente eterno cada ser humano que deseja aquele que é transformado, graças a ele, de um corpo humano de material psíquico em corpo humano – ou seja, pessoa – gloriosa espiritual como o Cristo eterno[76].

Resulta que o fiel é levado a pensar que a espécie humana não se envolverá mais, mas simplesmente se extinguirá como tantíssimas outras: na bíblia o fim do mundo não será o fim do cosmo, que poderá durar bilhões de anos, mas a do gênero humano.

---

[76]Cfr. "È Uomo", cit.

Segundo uma grandiosa perspectiva transcedente: a evolução de cada coração

Pela fé, a perspectiva de cada ser humano é gloriosa. Sendo a Redenção completamente concluída com a ressurreição crística, a cada pessoa resta escolher se se salva da própria morte em Deus, desenvolvendo melhor a própria espiritualidade, ou com ódio a Deus e aos outros seres humanos, escolher o *não Deus*, isto é, nada, preferir materialmente o próprio tormento, ou acabar na morte eterna como uma minhoca ou uma formiga, ou retornar para sempre ao nada no qual cada um de nós foi traçado pelo Criador[77].

***

---

[77] Isso obviamente, se omitirmos a visão do inferno vivido eternamente em Deus, segundo o platonismo cristão (do fim do século II, não antes) e se encontra no Novo Testamento, que se origina da clássica pregação da Igreja primitiva na qual o pecador impenitente, o amaldiçoado, simplesmente não ressurgia. Se considerarmos que é crença que nada existe fora de Deus, por isso um inferno vivido não poderia ser (sic) em Deus, o Sumo Bem sem algum mal. Para se aprofundar pode-se ler do mesmo autor, os ensaios "Diavolo e demòni (un approccio storico)" e "La Trasformazione", ambos editados pela Tektime em libro e em e-book.

Guido Pagliarino

O autor publicou no decorrer dos anos diversos ensaios, romances e livros de poesia. Muitos de seus trabalhos foram premiados e, além disso, pelo seu trabalho publicado no final de 1996, já em 1997 foi lhe concedido o "Premio della Cultura della Presidenza del Consiglio dei Ministri". A qualquer momento que desejar ler uma biobibliografia detalhada e encontrar resenhas das obras de Guido Pagliarino, pode encontrá-las na seguinte página no site do autor: http://www.pagliarino.com/biografia.htm